AF493936

L'ART DE CONSERVER LES GRAINS,

Par BARTHELEMY INTHIERY.

Ouvrage traduit de l'Italien, par les soins de M. D. N. E., ancien Officier de Cavalerie.

M. Bellepierre de Neuve Eglise.

AVEC FIGURES.

A PARIS,

Chez SAUGRAIN le jeune, Libraire ordinaire de Monseigneur le Comte d'Artois, Quai des Augustins, entre les rues Pavée & des Augustins.

M. DCC LXX.

Avec Approbation, & Privilége du Roi.

TABLE
DES MATIERES
CONTENUES EN CET OUVRAGE.

CHAPITRE PREMIER.

PAGES

DES Moyens dont on s'est servi jusqu'ici pour conserver les grains, & de l'imperfection de ces moyens. 1

Des différens obstacles dans la conservation du grain. 4

Fermentation naturelle du grain, ibid.

Les grains assujettis à la morsure des insectes, 5

Maniere commune de conserver les grains, 7

Ancienneté de l'usage d'éventer ou de vanner les grains, 8

Défauts de l'usage ordinaire de la pelle, 11

Les remédes proposés par les différents Auteurs, Agronomes anciens pour conserver les grains, reconnus n'être pas meilleurs que la méthode de vanner, 16

PAGES

Examen des méthodes proposées par les auteurs Agronomes, 16

Systême de Columelle, 17
——— de Pline, 18
——— de Metz, & de Châlons en France, ibid.
——— de Sedan en France, 19
——— de la Basilicate en Italie, 20
——— d'Augustin Gallo. 21

Remédes contre la morsure des Touchy,

Avec les poules, 22
Avec des crapeaux, 23

Recherches anciennes sur la conservation des grains. ibid.

Du Pere Castelli, 24
De Vallisviery *ibid.*
Du Docteur Halles, 25
De Laponte, 26
De Héraclite, *ibid.*
De Duhamel du Monceau, *ibid.*

CHAPITRE II.

De l'activité du feu pour préserver le grain de toute espece de destruction, 28

Quel est l'art de conserver parfaitement le grain, 30
Pourquoi le secret est ignoré, 31
Efficacité du feu, ibid.
Fourneaux érigés en plusieurs endroits, 32
Nécessité d'ôter le suc du grain, 33
La cuisson empêche la fermentation, 35
Usage en Toscane, sur les chataignes, glands, &c. ibid.
Expérience de mettre le grain au four, 40
Succès, ibid.

PAGES
Autre expérience sur la fermentation, 42
Comparaison des effets du grain échauffé, & du grain non échauffé, ibid.

CHAPITRE III.

Du secret de dessécher les grains dans une étuve.

De l'étuve, 45
Utilité de la machine appellée Polorico, 47
Difficulté de trouver le dégré du feu propre à l'étuve, 48
Choses nécessaires à sçavoir, 49
Nature des vaisseaux, dans lesquels on peut renfermer le grain au four, ou à l'étuve, ibid.
Epaisseur qu'on doit donner au grain qu'on étend, 51
Premiere forme de l'étuve. ibid.
Four à grain, ibid.
Comment la machine fut perfectionnée, 52
Situation des boëtes dans l'étuve, 53
——— traverses mises dans les boëtes, 54
Description du four ou de l'étuve à grain,
Du four ou de l'étuve, 58
Trous de la terrasse, 59
Nombre des cassettes & des conduits, 60
Situation des boëtes contre les murailles latérales à la porte, 61
Description des cassettes, 63
Couverture de l'étuve, 65
Traverses de la couverture, 66
Description des débouchés, ibid.
Maniere de monter le grain dans l'étuve, 67

PAGES
Comment le grain entre dans l'étuve, 69
Capacité de l'étuve, 70
Quantité du feu nécessaire, 71
Erreur de laisser sécher le grain dans l'étuve, ibid.

CHAPITRE IV.

Histoire de l'étuve à grains, depuis 1728 jusqu'à 1753, 77

CHAPITRE V.

Des expériences, 86
Le poids du grain étuvé, augmente de près de sept pour cent, 89
Résultat des expériences, 91
Perfection du grain passé à l'étuve, 96

Fin de la Table des Matieres.

APPROBATION.

J'AI lû, par ordre de Monseigneur le Vice-Chancelier, un Manuscrit, intitulé: *l'Art de conserver les Grains*, ou, *Traité de leur conservation*, & je n'y ai rien trouvé qui puisse en empêcher l'impression. A Paris, le 11 Février 1770.

MARIN.

PRIVILEGE DU ROI.

LOUIS par la grace de Dieu, &c. A nos amés & feaux Conseillers, les Gens tenans nos Cours de Parlement, Maîtres des Requêtes ordinaires de notre Hôtel, Grand-Conseil, Prevôt de Paris, Baillifs, Sénéchaux, leurs Lieutenans Civils, & autres de nos Justiciers qu'il appartiendra; Salut: Notre amé le sieur BARTHELEMY INTHIERY, nous a fait exposer qu'il desireroit faire imprimer & donner au Public un Ouvrage qui a pour titre, *l'Art de conserver les Grains*, ou *Traité de leur conservation*, s'il nous plaisoit lui accorder nos Lettres de Permission pour ce nécessaires. A ces causes, voulant favorablement traiter l'exposant, nous lui avons permis, & permettons par ces présentes, de faire imprimer ledit Ouvrage autant de fois que bon lui semblera, & de le vendre, faire vendre & débiter par tout notre Royaume pendant le tems de trois années consécutives, à compter du jour de la date des présentes. Faisons défenses à tous Libraires & Imprimeurs, & autres personnes de quelque qualité & condition qu'elles soient, d'en introduire d'impression étrangere dans aucun lieu de notre obéissance: à la charge que ces Présentes seront enregistrées tout au long sur le registre de la Communauté des Imprimeurs & Libraires de Paris, dans trois mois de la date d'icelles; que l'impression dudit Ouvrage sera faite dans notre Royaume, & non ailleurs, en bon papier & beaux caracteres, conformément aux Réglemens de la Libraiaie, & notamment à celui du 10 Avril 1725, à peine de déchéance de la présente permission; qu'avant de l'exposer en vente, le manuscrit qui aura servi de copie à l'impression dudit Ouvrage, sera remis dans le même état où l'approbation y aura été donnée; ès mains de notre très-cher & féal Chevalier-Chancelier de France le sieur DE MAUPEOU; & qu'il en sera remis ensuite deux exemplaires dans notre Bibliothéque publique, un dans celle de notre Château du Louvre, un dans celle dudit Sieur DE MEAPFOU, Chancelier & Garde-des-Sceaux de France; le tout à peine de nullité des Présentes, du contenu desquelles vous mandons & enjoignons de faire jouir ledit Exposant & ses ayant causes, pleinement & paisiblement, sans souffrir qu'il leur soit fait aucun trouble ou empêchement. Voulons qu'à la copie des Présentes, qui sera imprimée tout au long au commencement ou à la fin dudit Ouvrage, foi soit ajoutée comme à l'Original. Commandons au premier notre Huissier ou Sergent sur ce requis, de faire pour l'exécution d'icelles tous actes requis & nécessaires, sans demander autre permission, & nonobstant clameur de Haro, Charte-Normande & Lettres à ce contraires : car tel est notre plaisir. Donné à Paris, le dix-septieme jour du mois de Février 1770, & de notre regne le cinquante-quatrieme. Par le Roi en son Conseil.

LE BEGUE.

Registré sur le Registre XVII, de la Chambre Royale des Libraires & Imprimeurs de Paris, N°. 354, fol. 561, conformément au Réglement de 1723, qui fait défenses à toutes personnes, autres que les Libraires, de vendre, &c. A Paris, ce 26 Novembre 1768. BRIASSON, Syndic.

TRAITÉ SUR LA CONSERVATION DES GRAINS.

CHAPITRE PREMIER.

Des moyens dont on s'est servi jusqu'ici pour conserver les grains, & de l'imperfection de ces moyens.

LA conservation des grains est une matiere d'une importance si grande, qu'il seroit inutile & ridicule d'étaler ici de longs raisonnemens pour en faire sentir l'utilité. Le mérite de nos études & de nos travaux dépend du rapport plus ou moins grand qu'ils ont avec la conservation de notre vie & de notre espece. D'après ce principe il n'y a point d'étude si estimable que celle dont l'objet est d'aider à notre existence, en lui conservant des ressources nécessaires à son entretien.

On sçait que depuis que l'homme a été condamné au travail, le pain a été la récompense que Dieu lui a destiné; mais il a prétendu aussi sans doute, que sous l'idée de pain, on renfermât tous les biens temporels que nous lui demandons tous les jours, cependant les moyens dont on a usé dans l'espace de tant de siecles, dans tous les pays pour conserver les grains, sont si imparfaits, qu'on perd chaque année une partie considérable de la récolte. On est obligé d'en manger une autre partie dans un état de corruption, aussi nuisible à la santé que désagréable au goût. NAPLES vient tout récemment d'en être la victime; enfin c'est une vérité reconnue de tout le monde, qu'on doit attribuer les disettes cruelles qui affligent les Nations, plutôt au mauvais état & à la corruption des grains enmagazinés dans les années d'abondance, qu'à la modicité des récoltes dans les années de stérilité. (*a*) Mais ce qu'il y a de plus surprenant & de

(*a*) M. *Réaumur* rapporte qu'en 1693 à Orléans, & dans les autres villes qui sont sur la Loire, la disette des grains étant très-grande, des Marchands en jetterent à la riviere une quantité considérable qui s'étoit gâtée à force d'être gardé trop longtems. Cet inconvénient étoit le fruit de leur avarice, qui l'avoit entassé pour le vendre plus cher. La crainte du peuple leur fit choisir la nuit pour le jetter à l'eau. *Voyez les Mémoires de l'Académie des Sciences, année* 1708, *p.* 102.

L'Histoire fait encore mention de plusieurs exemples, qu'il seroit trop long de rapporter ici.

La Sagesse

plus étrange, c'eſt que depuis plus de vingt ſiecles, on n'a point eſſayé d'améliorer les méthodes utiles. Les hommes plongés dans une indolence létargique, ont laiſſé paiſiblement une grande partie de leur ſeule & vraie richeſſe en proie aux inſectes ou à la corruption; ils ſe ſont accoutumés à manger des grains gâtés par les pluies & rongés par les vers, tandis qu'ils ſe ſont occupés à des études frivoles ou ſi l'on veut agréables, mais toujours moins importantes. De tout tems, l'orgueil de l'eſprit humain élevé & perdu dans de vaines recherches, a méconnu le mérite infini de la Méchanique & de l'Agriculture.

En 1720, j'ai médité ſur une nouvelle maniere de conſerver le grain; je l'ai miſe en œuvre en 1731. Cette découverte a été exécutée dans le Royaume de Naples en différens endroits, avec un ſuccès très-heureux tenant du prodige; l'expérience en a confirmé la bonté & le ſuccès a ſurpaſſé mon attente. C'eſt là ce qui m'a engagé à ne pas différer plus longtems de la communiquer au public.

Si l'on ſe plaint que j'ai trop tardé. Je répondrai qu'il vaut mieux prendre un délai convenable pour annoncer aux Citoyens une heureuſe expérience, que de ſe hâter de leur donner uniquement des eſpérances & des raiſons probables

---

La ſageſſe du Gouvernement Français vient d'obvier pour jamais à cette malheureuſe cupidité, par une Déclaration qui permet la liberté du commerce des grains, Déclaration qui porte l'empreinte de la bonté du cœur du Monarque & des vues utiles & lumineuſes de ſes Miniſtres.

Rien n'est si dangéreux que cette paresse & ce dégoût innés dans l'homme. On le voit s'attacher aux difficultés & aux questions les plus frivoles, & méconnoître obstinément tout ce qu'il n'a pas lui-même éprouvé; il a peine à quitter une routine qu'il tient toujours au préjugé, & son génie paresseux, l'empêche de tendre au mieux.

Des différens obstacles dans la conservation du grain.

Tandis que les hommes gardoient une vie sauvage; qu'ils se nourrissoient d'herbes crues & de fruits, ils ne songeoient qu'à la conservation de ces productions. La Nature en fournissoit toujours à propos pour suffire à leurs besoins; mais depuis qu'ils ont cru devoir cultiver la terre & s'alimenter de grains, ils ont dû songer aux moyens de les conserver; ils ont été en cela suffisamment aidés par la Nature; elle avoit revêtu les semences des plantes d'une contexture de fibres assez fortes, & si l'on peut parler ainsi, elle les avoit *encuirassé* d'une enveloppe assez épaisse, pour qu'elles pussent être facilement conservées.

Fermentation naturelle du grain.

Malgré cette prévoyance de la Nature, les grains étoient destinés à retourner en terre, & à perpétuer leur espece. Aussi cette même Nature a sagement établi que dans le même mois qu'ils sont en terre, qu'ils commencent à germer, ils éprouvent dans les greniers, une très-grande fermentation. En effet leurs esprits vitaux travaillent intérieurement, & ils se disposent à pousser au-dehors un nouveau germe & de nouvelles racines; mais comme la génération ne va jamais sans corruption. Leur substance intérieure s'altere, & ils se réduisent en une espece de poussiere ou de farine gâtée. Les excès de l'humidité & de la chaleur, sont les causes de cette fermentation naturelle des semences, & c'est aussi pourquoi on ne sçauroit conserver les grains, si on ne les garantit pas avec soin, de ces deux principes destructeurs.

Les grains les plus humides & les plus tendres sont les plus difficiles à conserver *, au contraire les plus secs & les plus durs **, tels que sont ceux du plat pays de la *Pouille*. (*a*) (*Puglia Piana*) appellés *Sarragols* (*b*) résistent davantage à la chaleur; ils ne demandent point autant d'attention & de peine pour leur conservation.

Les grains assujettis à la morsure d'un insecte.

Le grain en général est assujéti aux attaques d'un insecte appellé par les Latins *Curculio*, & *Charançon* par les François (*c*).

Les plantes, les fruits, les animaux par leur nature, sont sujets à cet inconvénient. Chacun de ces corps est exposé aux voracités des vermines qui lui sont particulieres : cependant quoique chaque production soit ainsi affectée, l'homme qui fait plutôt sur la terre le rôle d'u-

---

* *Note du Traducteur*, M. Inthieri entend sans doute, parler des bleds des plaines arrosées par quelque riviere.

** *Note du Traducteur*, ceux de côte ou de montagne ou de plaine dans lesquelles aucune riviere ne serpente.

(*a*) C'est une province du Royaume de Naples, qui aboutit au Golfe de Venise, & qui comprend la *Capitanale*, la terre de *Baré* & celle d'*Otrante*.

(*b*) *Triticum Rubrum. Bled rouge ou roux.*

(*c*) La *Calendre* en Flandre, en Italie la *Pontervalo*. L'*Auteur* ne parle point ici d'un certain papillon, qui est également un insecte qui dévore les grains dans les pays méridionnaux. (*L'insecte de l'Angoumois*).

ſurpateur tyranique, que de maître légitime & naturel, dirige encore tous ſes ſoins à détruire, écraſer, amortir à la fois, les ſemences & les œufs des animaux.

Quand on veut conſerver le bled on doit donc fixer ſon attention principalement ſur les inſectes & ſur l'excès de l'humidité & de la chaleur qui lui ſont très-nuiſibles. Les dommages cauſés par les chats, les rats, les oiſeaux & les fourmis ſont aiſés à prévenir; il ne faut que bien hermétiquement boucher tous les trous qu'on peut appercevoir dans les murailles du grenier; fermer toutes les iſſues & griller les fenêtres avec du fil de fer, mais il faut faire ces fermetures de façon qu'elles n'empêchent pas le vent & la fraîcheur de l'air de pénétrer.

On empêche bien encore auſſi le grain de fermenter, en le remuant, mais ce remede au lieu de détruire les inſectes qui le rongent, les multiplie, & ſelon la remarque de *Columelle*, & ce que diſent là deſſus d'autres Auteurs anciens & modernes, non ſeulement « le reſſaſſement » ou le criblage ne tue point ces inſectes, au » contraire il les mêle & les répand dans tout » le monceau; au lieu que ſi on les laiſſe tran- » quiles, ils ne gâtent que les parties les plus » élevées de la ſuperficie. En effet l'inſecte ne » s'enfonce jamais plus avant d'une *palme* (*en-* » *viron à 8 pouces de la ſurface*); il vaut donc » bien mieux laiſſer », *pourſuit l'Auteur*, « dans » cet état, ce qui eſt gâté, que de s'expoſer à per- » dre tout. Quand on aura beſoin de grain, il » ſera aiſé d'enlever celui qui ſe ſera endommagé au-dessus pour faire usage de celui de dessous qui se trouvera sain (*a*).

Il n'est pas aussi facile de garantir les grains de l'excès de l'humidité & de la chaleur. D'ailleurs dans tout ce que les Auteurs célèbres ont écrit sur ces matieres, on ne trouve que des remédes opposés les uns aux autres, & il paroît clairement que l'on n'a point encore trouvé jusqu'ici, *l'art de conserver parfaitement le grain.* En suivant leurs maximes on tomberoit dans un inconvénient, tandis qu'on en voudroit éviter un autre.

Maniere commune de conserver les grains.

Tout ce que les Nations policées ont découvert de mieux & qu'ils pratiquent universellement pour conserver une grande quantité de grain, consiste à le déposer, après l'avoir tiré de la bale des épis, dans des greniers élevés & ouverts seulement aux vents frais (*au nord*) On l'y étend sur le pavé (*b*) à la hauteur de deux ou de deux pieds & demi tout au plus; on a soin qu'il ne touche d'aucun côté aux murailles du grenier (*c*), & on le garantit autant qu'on peut

(*a*) *Voyez Liv.* 1. *ch. VI.* N° 10. *page* 405. *de re rusticâ de M. Geneva, Leipsik* 1735; *Pline*, page 57, livre 17, 2 Vol. *in-folio*. Lyon 1581. Pallade, liv. 1. tit. 19. P. 174. Crescenzi, dans son Agriculture, livre 3, chap. 2. p. 108. Jean Tailly, dans son Agriculture, liv. 1. f. 12, de l'édition de Venise de Sansovino 1561.

(*b*) Il ne faut pas, comme l'on voit, que les planchers des greniers soient en planches, mais en *carreaux*, en *plâtre*, &c. Les uns & les autres doivent être couverts.

(*c*) Il peut y toucher si ces murailles sont enduites de plâtre ou de carreaux; mais non pas s'ils sont couvertes de mortier.

des pluies & des vents humides. Dans les chaleurs on est obligé de le remuer successivement avec des pelles. On le secoue en l'air du mieux qu'il est possible, afin que le vent l'éparpillant çà & là, enléve la poussiere. Il est changé de place par l'effet de cette opération. Ce double délogement appellé *passage*, *remuage*, *criblage*, ou *vanage* en certains pays, se fait au moins tous les deux ou trois jours (*a*)

Ancienneté de l'usage d'éventer ou vanner les grains.

Cet usage d'éventer ou de *vanner* les grains est surement très-ancien; on en trouve des traces dans les Auteurs de la plus haute antiquité, qui ont écrit sur l'œconomie rurale. Je doute bien qu'on se soit toujours servi de pelles, & je présume qu'on s'y est pris plus grossierement pour cette opération si importante & si nécessaire.

Pline. Auteur plus estimable par les connoissance infinies, répandues dans ses œuvres, que

(*a*) (*Note du Traducteur*,) *Liger*, dans son ouvrage étendu *de la Maison Rustique*, est d'avis qu'on doit plutôt remuer souvent les grains, que de les cribler de tems en tems, & je trouve qu'il a tort. Dans les bonnes manufactures de farines pour les Colonies, qui toutes existent sous un climat chaud & où les grains sont communément désolés par les *charansons* & les *papillons*, (en *Quercy* & en *Guyenne*), & dans la Hollande, où l'on conserve des grains pendant très-longtems, on se sert de cribles pour les remuer; nous ne voyons pas, en suivant cet usage, ce qui peut occasionner les inconvéniens que l'Auteur prétend devoir arriver. En effet remuer à la pelle ou remuer au crible, c'est bien la même besogne, & la différence ne consiste que dans le moins de dépense, lorsqu'on se sert de crible plutôt que de pelle.

par l'usage judicieux qu'il en a fait (*a*), nous apprend que *Sextus Pomponius*, pere de celui qui a été Prêteur, assistoit au vannement de ses grains (*b*).

D'un autre côté la défense que faisoit Columelle de remuer le grain, prouve que plusieurs de son tems avoient cette habitude, & qu'ils la regardoient comme une opération utile.

Je crois cependant que les Anciens ne se servoient pas de la pelle, ou du moins qu'ils n'en faisoient pas un usage aussi avantageux que nous. J'en juge par le silence de leurs Auteurs sur cet instrument, & par la description que nous en a laissé *Pallade*. Cet Auteur traite de la maniere dont les Anciens remuoient le grain; aucun autre n'en a même aussi bien parlé que lui. Voici ce qu'il en dit.

» Le meilleur moyen pour conserver long-» tems le froment, est de le tirer de *l'aire* pour » l'étendre dans un lieu voisin. On l'y laissera » rafraîchir pendant quelques jours, & ensuite » on le renfermera dans les greniers; la même chose avoit déja été dite par *Varron*.

(*c*) On ignore ici comme ailleurs, l'origine

(*a*) *L'édition du P. Hardouin, à Paris, tome* 2, chap. 5, livre XXII, page 285

(*b*) L'*Auteur* rapporte à cette occasion qu'un jour il fut pris des douleurs de la goutte, qu'il se jetta à genoux sur le grain & s'enfonça dans le monceau, & qu'aussitôt il se releva les pieds secs & soulagés. Ce qui l'étonna beaucoup, il continua d'user de ce reméde & il s'en trouva bien. Voilà il me semble, un reméde facile à expérimenter par les gouteux actuels.

(*c*) *Varron*, en parlant des fruits de la terre, distingue

de l'usage de la pelle, aucun Auteur ne cite qu'on remuoit (*a*) le grain avec cet instrument pour le transporter d'un endroit à un autre; il paroît seulement que pour bien rafraîchir le froment, il falloit le désunir, le disperser ou séparer chaque grain de celui qu'il touchoit.

Pour transporter le grain on est dans l'usage dans bien des pays, de se servir de panniers & de sacs & non de pelles, & c'est là justement la maniere dont on peut endommager le grain ; il est bien plus convenable de se servir de pelle. En effet, le meilleur moyen pour empêcher le plus grand dommage qu'il puisse arriver aux

---

ceux qu'on retire des magasins pour vendre & en faire une consommation, & ceux qui ont besoin d'en être tirés de tems en tems. Il met les fromens au nombre de ces derniers. Pour conserver, *dit-il*, le grain, que les *charansons* commencent à ronger, il faut l'exposer à l'air.

(*a*) Toute l'antiquité d'ailleurs garde le silence sur cet article. Les Codes *Théodosien* & *Justinien* qui entrent dans des détails très-circonstanciés & même minutieux sur les grains, ne font aucune mention des *vanneurs* ou des gens qui manient la *pelle* ou le *van* (1) La force du mot *transfundere*, qui marque que l'on transportoit le grain, n'exprime rien. Au surplus il est peu intéressant de savoir l'origine de l'usage de la pelle.

(1) Le *van* est un panier quarré, large, plat & à rebord, il a trois côtés relevés & l'autre est ouvert. Cette ouverture est faite de façon que le *vanneur* en retournant le grain qui est contenu dans ce panier, jette, au moyen des secousses qu'il lui donne, ce qui est ordure, que les grains restent, & que la poussiere se répand dans l'air. On se sert de cet instrument dans bien des provinces, immédiatement après que le bled a été battu ou sorti de ses balles.

grains pour semer, ou à ceux qu'on veut conserver, dans tous les greniers publics & privés, c'est que dès qu'il y a une quantité considérable de grain, on doit se servir de cet instrument.

Parmi les Réglemens (*a*) des greniers publics de Sicile, appelés *Caricatoi*, (institution très-belle, très-louable & qui suffit pour donner une idée de l'esprit éclairé de cette illustre nation), on trouve plusieurs articles sur ce remuement des grains avec la pelle; il y est question des ouvriers employés à cette opération & de la maniere dont ils doivent se servir de cet instrument.

En 1708 M. *de Réaumur* lut à l'Académie des Sciences de Paris, une Dissertation sur l'*Art de conserver les grains*, après avoir exposé bien des idées, il finit son discours par recommander l'usage de la pelle & du crible. Il les croit fort utiles; mais malheureusement il n'en a point détaillé scrupuleusement l'emploi & le jeu (*b*). Ce qu'un Observateur, tel que ce grand homme, auroit sans doute dû faire.

Défaut de l'usage ordinaire de la pelle.

Il suffit d'entrer dans les greniers publics ou privés de quelque grande ville pour y voir les insectes & voltiger les petits *papillons* (*c*). On

(*a*) Ils furent refaits & imprimés à *Palerme* en 1683, *in*-8°. Ces Réglemens sages & prudens, dit l'*Auteur*, devroient être suivis par beaucoup de Nations.

(*b*) Cette Dissertation est dans les Mémoires de l'Académie des Sciences de Paris, année 1708, page 81, *Edition d'Amsterdam*.

(*c*) L'*Auteur* fait mention ici de petits papillons, mais

les voit pour ainsi dire sortir de leurs coques, & s'attrouper autour du grain, qu'on s'est donné tant de peine à ressasser ou à remuer.

Les frais de cette opération du ressassement sont des plus considérables; ils montent souvent à quelques milliers de ducats. Lorsqu'il s'agit de la conservation d'une masse considérable de grains pour les besoins d'un peuple nombreux, il faut calculer non seulement ce qu'il en coûte pour ceux qui le retournent, mais encore pour ceux qui ont la direction de ces greniers. Les dépenses que ces derniers occasionnent surpassent toujours celles des premiers. Cette suite de degrés, de rangs & de fonctions dans l'administration des affaires publiques, forme une espece de piramide très-élevée, quelque petite qu'en soit la base, qu'on joigne à cette dépense le déchet que souffre le grain, on trouvera la perte encore plus grande & le remede qu'on y apporte par le ressassement, beaucoup moins fructueux.

On doit se persuader en effet, que l'opération de la pelle n'empêche pas la naissance des charansons; qu'elle ne fait point de tort à leurs œufs, mais quelle les chasse seulement du froment & qu'elle fait fuir en plein air les papillons (*a*).

---

ce ne sont pas ceux dont il a omis de parler page 5 précédente; c'est de ceux que les charansons produisent. Il en va être parlé à la note ci-après.

(*a*) Ce qu'on sçait de plus précis sur le charanson, se trouve dans une lettre de M. *Hyacinthe Cestoni*, écrite à M. *Antoine Vallisniery*, du 20 Septembre 1714, imprimée dans les Œuvres de ce dernier, page 464. Après avoir vû qu'on y releve l'erreur de *Rhedy*, qui a fait dessiner à la planche 65, tom. premier, le charanson du

ais les petits vermiſſeaux enfermés dans les

---

grain ſans aile, on y lit que quoique M. *Lewenveck* ait écrit que cet inſecte s'engendre dans le grain que l'on conſerve dans les magaſins, il a obſervé le contraire, & il détaille en peu de mots la vraie maniere dont cet inſecte procéde à ſa génération. « Cet animal, *dit-il*,
» ne ſe voit que depuis l'hiver juſqu'au printemps,
» parce que tant que l'air eſt froid, il ne fait que s'eſqui-
» ver du grain & ſe trainer, mais auſſitôt que l'air com-
» mence à s'échauffer, on ne le voit plus, il déploye
» alors ſes ailes, & il s'envole dans la campagne; il
» attend que le grain ſoit prêt à ſe former dans les épis.
» Quand les épis ſont en fleurs, & *que les grains*, com-
» me on dit, *ſont en lait*, alors on voit les charanſons
» voltiger d'épis en épis: ils y engendrent & y dépo-
» ſent leurs œufs. De ces œufs naiſſent, ſelon l'ordre
» naturel, de petits vermiſſeaux, qui ſe retirent dans
» les grains encore tendres, & à meſure qu'ils groſſiſ-
» ſent ils y reſtent & s'y nourriſſent pendant tout l'été
» & une partie de l'automne, & aux approches de
» l'hiver, quand ces inſectes ont obtenu un dernier
» degré d'accroiſſement & de formation, ils en ſor-
» tent pour s'envoler. Cette façon de ſe perpétuer n'eſt
» pas particuliere aux ſeuls inſectes deſtructeurs du
» bled, on voit ſortir encore de la même maniere, des
» inſectes volans des légumes. Ceux-ci ſont appellés
» en langue Toſcane *Touchipucerons*. Ces *Scarabées* ſont
» volans. On les voit ſortir dans l'hiver, portant leur
» vol dans les campagnes, & ils s'y arrêtent quand les
» *feves*, les *pois* ou les lentilles ſont en coſſes; ces *tou-*
» *chis* inſtruits par la nature, dépoſent leurs œufs ſur
» ces coſſes: de ces œufs naiſſent, ſelon l'ordinaire,
» de petits vers qui s'inſinuent adroitement dans les
» coſſes; ils entrent juſques dans les *pois*, les *feves*, &c.
» quand ils ſont encore tendres, & ils y ſéjournent
» pour s'y nourrir de la ſubſtance du *pois* &c. ſans
» fournir des excrémens apparens; ils y croiſſent en qua-
» lité de *vers* juſqu'à l'hiver, & dans cette ſaiſon, ces in-
» ſectes prennent des ailes & ſortent des légumes com-
» me je l'ai dit.

œufs restent toujours sur le bled. La plus grande partie du grain reste donc toujours exposée à leur morsure inévitable, lorsque ces insectes sont parvenus à leur parfait accroissement.

L'usage de la pelle d'un autre côté est inutile au bled mouillé. Sa conservation est même désespérée lorsqu'il se trouve en cet état. Les connoisseurs ordonnent alors de le vendre ou de le faire moudre le plutôt possible, & voilà tout le reméde. (*a*) Il en est de même des grains embarqués sur des vaisseaux, pour des voyages de long cours, on ne peut exécuter l'opération du ressassement par le défaut d'emplacement. C'est cependant dans les navires que la fermentation intérieure du grain, fait sentir ses effets beaucoup plus promptement & plus cruellement que partout ailleurs. Cette fermentation est aidée par les vents chauds & humides, qui souflent presque toujours sur mer, & par le lieu étroit où les grains sont renfermés. La corruption arrive comme un coup de foudre; elle devance même souvent l'instant que l'on saisiroit pour prendre terre & exposer le bled à l'air & au vent frais: de-là il résulte que la cargaison est entierement perdue & qu'on n'en peut pas sauver un grain (*b*).

(*a*) En effet tout grain mouillé ne peut se conserver. *L'Auteur* rapporte au soutien de ce fait, ce qu'en dit M. *Réaumur*, dans sa Dissertation, page 93. Il en est parlé ci-devant.

(*b*) Le Docteur *Hales* rapporte, sur la foi d'un Négociant Anglois, que ce dernier faisant transporter du grain sur mer, en avoit perdu, dans une seule année,

L'opération du vannage ou du vannement, oblige de tenir le bled dans des greniers fort vastes, & elle exige que ces lieux soient construits avec beaucoup de soins. Ces assujétissemens font qu'ordinairement, on n'en peut trouver que très-difficilement de parfaits. Dans une piéce très-élevée, on ne peut étendre du grain qu'à la hauteur de deux pieds. On est obligé de laisser un grand vuide pour le changer de place, par les fonctions de la pelle ou celle du crible. On sent dès-lors parfaitement combien cela doit être incommode dans des forteresses où l'on a besoin d'avoir une ample provision de grain, & où le terrein est fort ménagé. Il est très-difficile ou pour mieux dire très-souvent impossible, que les Munitionnaires des Troupes des Armées puissent se procurer de pareils greniers; ils sont ordinairement obligés d'établir leurs magasins dans les endroits que les Généraux trouvent les plus convenables. La situation des campemens des Troupes & l'état de la guerre en décide; ils ne peuvent donc s'approprier des greniers commodes, & les bâtir selon les régles de *Vitruve* & de *Varron*.

Ce qui mérite le plus d'attention, c'est que la construction de nos greniers publics & privés, expose le grain à y être volé. En effet, comment peut-on empêcher que des pauvres, introduits tous les jours dans des magasins très-amples, pour ressasser les grains, n'en dérobent pas quel-

pour la valeur de 80 mille livres sterling. Il s'étoit gâté. Mais quoique ce rapport soit exagéré, il est certain que la plupart du tems, les grains se gâtent en mer.

que petits ſacs. Au bout de pluſieurs mois ces petits larcins forment un objet de perte conſidérable, & cela doit néceſſairement allarmer.

Les remedes propoſés par les auteurs ne ſont pas meilleurs que la méthode de vanner.

Nous avons expoſé en abrégé, une grande partie des imperfections du reſſaſſement pour éviter la corruption du grain; s'en eſt donc aſſez pour engager tous ceux qui ſe propoſent le bien de l'humanité & non la ſatisfaction d'une vaine curioſité, à chercher le vrai moyen de garantir les grains des maladies auxquelles ils ſont aſſujétis lorſqu'ils ſont ſéparés de leurs bales.

On ne peut ſe flatter que parmi tant de préceptes & de ſecrets propoſés par les Naturaliſtes, pour ſuppléer à la méthode de vanner, il y en ait quelqu'un dont l'efficacité ſoit inconteſtable. Pour le démontrer clairement il conviendroit d'examiner en détail, les diverſes méthodes qui ont été propoſées par ceux qui ont écrit ſur l'œconomie rurale; mais outre qu'elles ſont en grand nombre, on les trouvera toujours fort ineptes, impoſſibles dans l'exécution, foibles & inefficaces. La plûpart même n'ont point encore été confirmées par l'expérience. L'expoſé de toutes ces méthodes & de leurs réfutations ſeroit d'ailleurs faſtidieux pour le lecteur. Je me contenterai donc d'examiner celles qui paroiſſent les plus acréditées, & qui en même-tems, ont eu le plus d'autorités pour elles.

Examen général des méthodes propoſées par les Auteurs Agronomes, pour conſerver le grain.

Je puis dire en général, que les Auteurs ont traité cette matiere avec une négligence condamnable; ils n'ont fait aucunes obſervations exactes, & ils ſe ſont peu inquiétés de rendre compte du dépériſſement du grain & des alterations & des vices de la farine; ils ne diſent rien qui leur ſoit connu par expériences; ils ne ſpecifient ſpécifient point non plus pour quelle quantité de grain, leur méthode eſt bonne. Tout eſt chez eux obſcurité & confuſion.

Pluſieurs de ces Auteurs, même des plus fameux, paroiſſent ignorer les maladies auxquelles les grains ſont ſujets auſſi-bien que la nature de ces maladies; ils confondent la morſure des inſectes avec l'échauffement, & paroiſſent craindre beaucoup plus les inſectes que la fermentation. Ce dernier danger eſt cependant incomparablement plus funeſte que le premier (*a*); ils conſeillent ordinairement des remedes qui ne ſont bons que pour une petite quantité de grain, & impraticables pour une grande. Enfin on voit qu'ils ne parlent que pour dire quelque choſe, & qu'ils n'ont pas foi eux-mêmes à leurs propres ſyſtêmes.

Examen du ſyſtême de Columelle.

Lucius Junius Columelle défend de remuer le grain afin de ne pas multiplier les charanſons & autres inſectes qui les rongent. Cette opinion, ſelon *Pline*, étoit celle de pluſieurs Auteurs; mais elle a été mépriſée d'un conſentement univerſel; on n'a pas

(*a*) Dans tous les Auteurs anciens, Grecs & Latins, ſans en excepter aucun, on ne voit rien qui faſſe penſer qu'ils ſoupçonnoient que la fermentation & la naiſſance des inſectes étoient deux inconvéniens différens. Comme ils croyoient que ces deux maux alloient toujours de compagnie, & provenoient tous deux de la chaleur & de l'humidité, ils les ont confondus, & ils ont toujours ordonné des remedes contre les inſectes; ils n'ont rien imaginé contre l'échauffement. Nos Auteurs Italiens les plus anciens, ayant copié les Grecs & les Latins, on ne voit point non plus chez eux, qu'ils traitent de la fermentation; ce n'eſt que depuis peu que l'on a connu & diſtingué la morſure des inſectes & l'échauffement.

voulu ſuivre cette méthode pernicieuſe; elle expoſoit indubitablement le grain à s'échauffer & à ſe corrompre.

Syſtême de Pline.

Pline, parmi pluſieurs faits qu'il expoſe, (*a*) dit que le grain ne ſe gâte point quand on le garde ſans le broyer, & ſans le dépouiller de ſon épi. Le bled ne ſe corrompt point, dit cet *Auteur, quand il reſte enfermé dans ſes balles ſur l'épi* (*b*); mais comme le grain ainſi conſervé, n'eſt que la trentieme partie de l'épi, en y comprenant la paille, à peine pourroit-on trouver des magaſins aſſez grands pour le contenir lorſqu'il arriveroit des années abondantes. Cette opération n'eſt d'ailleurs convenable qu'au grain qu'on veut conſommer ſur le lieu où on le recueille. S'il falloit l'exporter par terre ou par mer, il s'y trouveroit de l'impoſſibilité à le faire.

Greniers de Metz & de Châlons

On a vu en 1708 dans la Citadelle de *Metz*, un magaſin de grains. Il y avoit été dépoſé en 1528, & en 1707 on en faiſoit de très-bon pain. Ce fait prouve clairement qu'il eſt aiſé de conſerver artificielement, & parfaitement le grain, Monſieur de *Réaumur* nous apprend, (*c*) que la principale cauſe qui avoit con-

(*a*) *Voyez* Liv. XVIII., chap. 30.

(*b*) Les *Suiſſes* ſuivent encore cette méthode de conſerver le bled dans les balles de l'épi. Voyez *Liger*, *Maiſon Ruſtique*, *tome* 1, *page* 656, (On le conſerve de même en Flandre), mais il eſt évident que cela ne peut ſe faire que dans les pays où la récolte eſt petite, & où il n'y a point de commerce qui en occaſionne une exportation conſidérable.

(*c*) *Voyez* ſa Diſſertation, indiquée page 11 précédente.

ſervé ſi longtems ce grain, étoit une croute très-dure, que le tems ou l'induſtrie avoient formée par deſſus.

L'Abbé *de Louvois* rapporte de même qu'à *Sédan*, il a vû une grotte ſouteraine & humide, dans laquelle il y avoit du grain, ce grain y étoit depuis 110 ans. Le tas ſe trouvoit couvert d'une groſſe croute de l'épaiſſeur d'un pied. Cette croute étoit composée de grains gâtés, & qui avoient commencé à germer. On fit de très bon pain du grain qui ſe trouvoit au-deſſous.

Greniers de Sédan.

Ce même Auteur ajoute encore, qu'à *Châlons* on conſerve du grain dans les magaſins publics, pendant trente & quarante ans. On s'y prend à cet effet de la maniere ſuivante.

On choiſit le meilleur grain, & après l'avoir bien trié & nettoyé, lorſque l'hiver approche, on l'entaſſe en un monceau, le plus conſidérable qu'il eſt poſſible de former ; on couvre enſuite la ſurface de ce bled, avec une couche de poudre de chaux vive ; l'épaiſſeur de cette couche eſt ordinairement de trois doigts, on l'arroſe avec de l'eau : la fermentation s'effectue, alors les matieres qui forment cette couche, s'amalgament & ſe durciſſent avec les grains dont partie germent en même-tems. La putréfaction arrive ; elle fait augmenter la groſſeur de la croute, & ce qui ſe trouve pour lors ſous cette croute ſe conſerve ; mais l'Auteur avoue qu'en vieilliſſant, le grain devient roux, aigre & piquant, & que par conſéquent il eſt altéré dans ſa qualité. Les boulangers, pourſuit-il, n'en font point de cas ; ils ſont ordinairement obligés de le mêler avec du bon grain pour fabriquer un pain mangeable & de vente (*a*).

Usages des marines de la Basilicate.

Dans le Royaume de Naples on suit une méthode à peu-près semblable. Dans une partie de la *Calabre*, (en Italie), que l'on appelle *la Basilicate*, on a coutume de faire porter le grain sur les *marines* (*b*). Les pluies auxquelles le bled se trouve exposé, font germer la superficie des tas que l'on y forme; les grains qui composent la surface germent, & les tiges qu'ils produisent se pourrissent promptement; ils forment cette même croute dont parle M. *Réaumur*, qui conserve l'intérieur des tas de bleds. Ce grain reste en cet état jusqu'à ce qu'il puisse se vendre & s'embarquer (*c*).

Rien ne milite mieux en faveur de la méthode que j'ai découverte pour la conservation des grains, que les exemples ci-dessus cités; en effet on voit qu'il est nécessaire de sacrifier une partie des bleds pour en conserver une autre; que malgré ces précautions, celui que l'on conserve devient aigre. Quand on a levé la croute qui couvre la partie saine, si on peut la nommer

---

(*a*) *Note du Traducteur.* En Hollande on dépose les grains dans des souterrains, & on les laisse également former une croute sur la surface. Cette croute est composée des grains pourris. Cette opération s'exécute à l'instar de celle que les Romains ont pratiquée en Flandres, (à *Ardres*) &c. On voit encore en cette province des greniers souterrains, où ils faisoient des amas de grains.

(*b*) Marais secs & voisins de la mer.

(*c*) On appelle ces grains, des grains de côte (*Spianggia*), ils sont toujours d'un prix inférieur à ceux des magasins de la même province d'Italie.

ainsi, il faut consumer sur le champ, tout le tas, au lieu que par ma méthode, il ne s'est pas encore perdu ni gâté un seul grain. De plus de deux cens mille boisseaux que j'ai conservé heureusement jusqu'à ce jour, le goût n'en étoit point désagréable, & ces bleds se sont toujours vendus à meilleur compte, que ceux sur lesquels, je n'avois pas fait usage de ma découverte.

Augustin Gallo, dans ses Journées Agronomiques, nous révele d'un air mistérieux, un secret efficace de conserver toute sorte de grain. « Il faut, *dit-il*, mêler parfaite- » ment dans dix charges de grain bien sec, au » moins quatre charges de *millet* (*a*); la fraî- » cheur de ce dernier grain non seulement ga- » rantit le bled pendant plusieurs années des » *mittes*; mais encore il ne peut s'échauffer. » Lorsqu'on veut se servir de ce grain, il est » facile, *poursuit-il*, de séparer le bled de ce » millet avec le crible (*b*). Conseil d'Augustin Gallo.

(*a*) *Milium semine luteo vel albo.*

(*b*) On peut dire que Gallo tient ce merveilleux secret des anciens; en effet autrefois on cultivoit beaucoup de *millet*; la quantité que l'on en récoltoit pouvoit être employée en grande partie à l'usage dont on vient de parler.

Il suffit de lire le livre XVIII de *Pline*, chapitres 10 & 15, pour voir combien il se donne de peine pour enseigner la culture du millet; il la regarde comme une chose importante. On fait beaucoup de pain avec du millet, *dit-il*, mais bien peu avec du bled. *Columelle* Liv. 11, chap. 9, page 56, dit aussi, non seulement » on fait du pain avec du millet, mais encore avant » qu'il soit refroidi, on peut le manger sans dégoût.

Les Romains en faisoient encore un usage plus fré-

Ce conseil me paroît ridicule. Car lors que l'on n'a que quelques boisseaux de grain à conserver, il est inutile de se donner tant de peines, il suffit de les remuer souvent, mais pour ce qui est de mêler dix mille boisseaux de bled avec quatre mille mesures de *millet*, on feroit une folie bien évidente d'y songer. On ne peut donc exécuter cette opération merveilleuse.

Remedes contre la morsure des insectes appellés *Tonchy*.

Les Sçavants dans l'Œconomie Rurale, ont donné une infinité de préceptes (*a*), contre la naissance des *Touchy*. (*b*) Mais tout ce qu'ils enseignent ne paroît pas propre pour empêcher ces insectes de sortir de leurs œufs ou de leurs coques, lorsqu'ils deviennent papillons. Ils disent qu'il faut les détruire par l'aigreur ou par l'amertume de certaines herbes, ou bien avec du vinaigre, de la lie ou du soufre. L'expérience a prouvé cependant que toutes ces recettes sont infructueuses.

Remédes en se servant de Poules.

On lit dans le premier tome du Spectacle de la Nature, (Ouvrage de M. Pluche) que pour faire la guerre aux charansons, « il est bon de » laisser courrir des poules sur les tas de bled. » Ces animaux ont un instinct naturel, suivant » l'Auteur, pour becqueter & avaler les insectes » & laisser le grain.

Un homme d'esprit & de bonne humeur, di-

---

quent dans les bouillies, comme on le voit dans *Festus* & dans *Columelle*, liv. 11, chap. 9. Toutes ces cultivations ont été abandonnées pour celles du grain de Turquie, qui est aujourd'hui bien plus avantageuse.

(*a*) Ces remedes sont rapportés à la fin de cet ouvrage.

(*b*) J'ai déja parlé de ces insectes. *Voyez* pag. 13 précédente.

soit chez nous que ce conseil étoit excellent quand les poules étoient à nous, & que le grain appartenoit à d'autres, & il avoit raison.

En effet, l'expérience nous apprend que les poules mangent non-seulement les charansons, mais parfaitement bien aussi le bled.

La plus risible de ces recettes, est celle que nous a fourni *Pline*, elle est digne de terminer toutes celles que nous venons d'exposer.

Remedes de Pline.

» Pour préserver, dit-il, les magasins quel-
» conques de toutes sortes d'inconvéniens, il
» faut prendre un crapeau & l'attacher sur la
» porte par une cuisse (*a*).

C'est assez de ces sotises; les folies humaines doivent plutôt exciter notre pitié, que notre ironie.

Recherches faites dans ces derniers tems sur la conservation du grain.

Exposons à présent ce qui peut nous donner un sujet de nous mettre au-dessus de nos ayeux. Après tant de siecles qui se sont écoulés dans une ignorance funeste ou dans un faux sçavoir, pire encore que l'ignorance; nous devons nous féliciter du tems où nous vivons; c'est dans notre siécle plus que dans tout autre, que l'homme a fait des progrès dans le chemin de la raison & de la vérité. Un de nos grands secours a été l'Imprimerie, cette découverte heureuse, répandant la lumiere sur nos vieilles erreurs, a dissipé le mistere de ces Sciences fausses & futiles, inventées pour donner aux fourbes & aux méchants, l'avantage sur les hommes ingénus, vertueux & sensés.

L'Imprimerie a porté la Vérité jusqu'au pied

(*a*) Il paroît que *Pline* a eu une grande dévotion pour ce vil animal; il le donne comme un élixir contre tous les maux qui affligent la campagne.

du Trône; elle a imploré en faveur des Sciences, les plus utiles, la protection des Rois; enfin elle a établi une étroite relation entre les hommes intelligens, séparés par l'espace immense des tems & des lieux.

Discours du P. Castelli.

Le P. *Abbé D. Benoît Castelli* est le premier qui ait écrit de notre tems sur la conservation du grain. Avant le milieu du siecle passé, il fit sur ce sujet, un discours peu étendu; il secoua le joug des anciens préjugés, & tenta des routes nouvelles; mais il avoit bien senti lui-même que son ouvrage étoit plus propre à inspirer des idées aux Physiciens qu'à les satisfaire (*a*).

Peu de tems après le célèbre *Vallisvieri*, Philosophe très-estimé, s'attacha à observer les charansons un peu plus exactement que l'on n'avoit fait jusqu'alors. Il espéra trouver dans la façon de vivre de ces insectes, des moyens plus courts pour les détruire. Il jugea convenable de mettre le grain sécher dans un four (*b*), afin de le con-

(*a*) En 1639 l'Abbé *Castelli* proposa un moyen de conserver le grain dans du liége. Il faut, *disoit-il*, une grande activité pour conserver le grain sur la terre, dans des greniers: il est d'une grande importance de le défendre de l'humidité & de l'injure des élémens. Son idée étoit bonne. On remarque en effet que tout ce que le liege enduit, se maintient frais & sec; mais quand il s'agit de conserver des tas immenses de grains, on ne trouve pas toujours du liége suffisamment. Cet expédient ne peut donc pas être suivi.

(*b*) Dans une lettre adressée au Comte *Ubertino Landy*, qui est la 17e du 3e tome des Lettres Scientifiques, page 571, *Vallisviery* discourant sur la cause de la stérilité qui régnoit durant l'année, pendant laquelle il écrivoit, dit au sujet des charan-

ferver. Ce fecret expira pour ainfi dire fur fes lévres.

En 1740, quand le Docteur *Hales*, Anglois, inventa le *Ventillateur*, pour changer & rafraîchir l'air des prifons, des hôpitaux, des navires, des mines & des autres lieux renfermés, invention qui marque fon zele pour le bien public, & lui affure la plus haute eftime, il penfa à en étendre l'ufage jufqu'aux grains. Il eft reconnu que cet inftrument pouvoit leur procurer un air pur & frais, & cet air me paroît bien plus utile pour la confervation du grain que les odeurs fortes ou la vapeur du foufre qu'on dit avoir la vertu de faire périr les infectes. Toute la feconde partie du livre de cet Auteur, ne roule même que fur cette entreprife (*a*).

---

fons. « Il y a eu dans cette année pluvieufe, un autre » inconvénient, rare à la vérité, mais qui a empêché » les infectes de mourir dans le grain dépofé dans les » greniers, & qui les a fait fortir en *papillons ;* c'eft » qu'on n'a pû expofer le froment à l'ardeur du Soleil. Ses rayons auroient brûlé dans le grain, les charanfons comme le ver à foye eft roti dans fa coque, étant expofé à l'ardeur du Soleil.

On pratiquoit cet ufage autrefois pour détruire ce dernier infecte, & quand les tems étoient humides, les fabriquans qui faifoient tirer la foye dans des chaudieres, afin que les papillons ne naquiffent pas, les mettoient dans un four, & tuoient de cette maniere, les vers à foye ou leurs *chryfalides*, par une chaleur artificielle L'on auroit pu mettre pareillement le froment dans un four, & fi ceux qui fe chargent de le conferver avoient étudié l'Hiftoire Naturelle, ils n'auroient pas effuyé cette année, de fi grandes pertes.

(*a*) Pour juger fainement de cette invention, & pour en fentir les avantages & les imperfections, il faut re-

Un ancien Auteur Grec de *Tarente* (*a*) a peut-être servi de guide au Docteur Anglois, pour l'application du Ventillateur à la conservation des grains. Il a pu encore avoir eu connoissance du livre de la métairie du célèbre *Jean-Baptiste de Laporte.*

M. *Duhamel du Monceau*, a bien approché des idées de M. *Hales*. Il a publié en 1745 une Dissertation dans laquelle, outre l'invention de plusieurs formes nouvelles & ingénieuses de cribles, l'usage de différens ventillateurs & diverses constructions de magasins, il parle d'une espece de fourneau pour sécher les grains humides. Le respect infini que je porte à ces deux grands hommes, me fait regarder avec vénération tout ce qui vient d'eux, & m'ôte en quelque façon, le courage de l'examiner ; mais as-

---

courir à l'ouvrage de cet Auteur, & le lire en entier. Il fut recité en 1740 devant la Société Royale de Londres, & aussitôt imprimé en Anglois. Il fut ensuite traduit en François par M. *Demours*, qui le fit imprimer à Paris en 1744 ; le même avoit déja inséré quelques réflexions sur la conservation du grain, dans son ouvrage des Expériences Physiques, page 73.

(*a*) Au liv. 11. chap. 25, des Auteurs qui sont rassemblés sous le titre de *Constantini Cæsaris Geopenica*, imprimé dernierement, on lit plusieurs régles pour la construction des greniers, données par *Héraclite*, à Tarente.

On a jusqu'ici ignoré l'*Auteur* de cette collection ; il a plu à *Jean Hardouin*, d'attribuer ce livre à *Avinda Nionius Analolius de Berite*, cité par Photius, au codex, article 13 de sa Bibliothéque : mais *Erasme*, *Adrien*, *Junius*, *Rigalt*, *Gautier*, *Saumaise*, ont trouvé plus vraisemblable d'en faire honneur à *Cassien Bassus*, Scholastique.

ſurément ils conviendront eux-mêmes que ma méthode de conſerver le grain eſt ſupérieur à la leur. Elle eſt en effet plus ſimple, plus facile & plus sûre que l'uſage du ventillateur, & plus à la portée de tout le monde pour la dépenſe de la conſtruction.

Je crois que ces qualités ſont les plus eſſentielles pour ce qui a rapport à la parfaite conſervation des grains. Les travaux de la campagne étant donnés à des gens groſſiers, il faut que toute nouveauté ait un avantage ſi frappant, qu'elle force, pour ainſi dire, le calus naturel, dont leur intelligence eſt armée contre toute innovation & amélioration.

J'ai fait voir dans ce chapitre qu'on n'avoit point encore découvert un moyen parfait pour préſerver les grains de la putréfaction, j'établirai dans le ſuivant, quelle eſt ma méthode pour les rendre *nets* & les conſerver.

CHAPITRE II.

De l'activité du feu pour préserver le grain de toute espece de destruction.

PARMI les Auteurs qui ont écrit & discuté sur les moyens de conserver les grains, le nombre en est considérable, il n'en est pas un, selon moi, qui ait bien saisi le vrai point de la question, ou du moins dont les raisonnemens solides & convainquans ayent produit quelques découvertes sur cette matiere importante. Si l'on avoit voulu examiner un peu scrupuleusement cet objet, il me paroît que l'on auroit dû appercevoir qu'il étoit possible de trouver le remede. L'instinct nous a porté à trouver les moyens de conserver les viandes, les fruits, les poissons & les autres alimens ; il en doit être de même pour obtenir quelque secret pour maintenir les grains dans un état de salubrité. La Providence toujours prête à venir au secours des hommes, semble même avoir pris soin particulierement de cette production. Elle a donné à diverses semences, & surtout au *froment*, par la constitution intérieure de ses parties, la faculté de résister pendant un laps de tems assez considérable aux intempéries de l'air, & à l'humidité dont on cherche à le défendre. On sçait que la fermentation, à qui cette humidité donne naissance, opére sa corruption. Il est donc néceſſaire de garantir le grain de cet inconvénient, ſi on veut le conſerver pendant longtems.

Les magâſins de Metz & de Sedan en ſont des exemples convainquans ; on pourroit encore citer le grain qui ſe trouva en 1664 dans la Bibliothéque Royale de Vienne depuis 330 années ; il en eſt de même auſſi du grain, du ris & du pain qu'on a tiré des caves de la ville d'*Eraclie*, qui pouvoient avoir 1700 ans de vetuſté. La cauſe de ce dernier prodige, qui a paru extraordinaire à quelques-uns, à dû paroître à d'autres comme naturelle ; ils ont dû ſentir néceſſairement que ces grains avoient été enfouis ſous une cendre embrâſée, & non ſous une terre humide. Sans aller chercher de ſemblables phénoménes, dont la nature a fait ſeule tous les frais, il faut ſe contenter d'un moyen qui arrête ſans aucune diminution, la fermentation intérieure du grain, & qui détruiſe tout ce qui le ronge au-dehors, & c'eſt ce qu'on n'a point encore découvert.

Sacrifier une partie du grain pour en conſerver une plus grande quantité, le laiſſer pourrir par l'air, la pluie & les murailles d'une cave, ou le voir ronger par les inſectes pour en ſauver le reſte ; en indiquant de pareils moyens, ce n'eſt pas, à beaucoup près, avoir réſolu la difficulté, au contraire c'eſt n'en avoir ſenti qu'imparfaitement toute l'importance.

En effet, il ne ſuffit pas de trouver en général le ſecret de conſerver une certaine quantité de bled par la perte d'une partie, mais il faut ſe propoſer de les garantir entierement & ſans aucune diminution. Il ne faut pas ſonger à en conserver seulement 10 ou 20 boisseaux, cette entreprise est facile, mais il faut en préserver de quoi nourrir des Villes, & garantir de la famine des Royaumes entiers. Il faut donc enseigner toute autre chose que la méthode de conserver des poignées de grains.

Quel est l'art de conserver parfaitement le grain.

Pour rendre un service réel au genre humain, il s'agit de trouver & d'indiquer un art non seulement propre à conserver le grain, mais encore à préserver les plus grands amas de bled, comme les plus petits, de la fermentation des insectes pendant un long délai, & avec une dépense presqu'insensible. Il faut que cette méthode s'exécute en très-peu de tems, & sans la perte d'un seul grain, sans même en diminuer le poids ni en altérer le goût. Il est nécessaire aussi que chacun puisse appliquer ce secret à son grain, & surtout que l'opération soit proportionnée à l'étroite capacité des gens de la campagne; que ce secret puisse opérer son effet sur toute espece de grain tendre, humide & même mouillé (*a*). Enfin il est essentiel encore, qu'on puisse se servir des grains conservés de cette maniere, sans crainte & sans péril, & qu'ils soient susceptibles d'être embarqués ou renfermés dans des magasins, sans courir risque de s'évaporer, & sans que l'on soit obligé de les visiter souvent; dirai-je plus? Il faut que le laboureur, après les sollicitudes toujours inséparables d'une récolte sou-

(*a*) On a toujours crû qu'il étoit impossible de le conserver dans ce dernier état, mais c'est bien mal-à-propos.

vent incertaine, & après avoir entassé son bled dans sa grange & dans ses greniers, puisse aller se reposer & dormir sans inquiétude, en s'assurant sur l'efficacité de ce secret.

Tout cultivateur sçait parfaitement que l'on appréhende autant pour les grains enmagasinés, que pour ceux qui sont encore sur terre, & que la moisson recueillie, est autant en danger que celle qui reste à l'être.

Ce qui a empêché jusqu'aprésent de réussir à conserver parfaitement le grain, c'est, si je ne me trompe, parce qu'on a songé seulement à remédier aux dommages apparents & sensibles, au lieu qu'il falloit remonter à la source, & déraciner le mal dans son principe.

Pourquoi ce secret a été ignoré jusqu'ici.

En 1728, quand je fis mes premieres réflexions sur cet objet, je vis que la fermentation des grains & la piquûre des insectes, n'étoient à le bien prendre, des inconvéniens que par rapport à nous, je compris que la fermentation du grain tendoit à conserver l'espéce de la plante, ainsi qu'à en développer le germe, & que la piquûre des insectes dans le grain, servoit à en démontrer l'existence. Je sentis que ces animalcules, qui de leur côté concourent* à l'embellissement de cet Univers, dont la magnificence consiste dans la diversité des êtres, trouvoient une substance nourriciere dans ce grain, & je conclus de-là, que pour conserver les grains, on ne devoit pas songer à aider la nature, mais bien plutôt à lui faire manquer son but.

Une infinité d'exemples prouvent le peu d'aptitude dans l'homme, pour la perfection, & combien il est ingénieux à la détruire. Cette réfléxion m'inspira quelque confiance. Je commen-

Efficacité du feu.

çai à me flater du succès dans une entreprise où l'homme avoit en quelque sorte à combattre & à renverser la nature. Je pensai à faire usage du *feu*. Cet élément, dont la faculté est à la fois de décomposer les corps & de les purifier, me parut un moyen victorieux & sûr pour la conservation du grain. On sçait que la voracité du feu peut être tempérée & renfermée dans des limites. C'est dans la recherche des degrés convenables, que gît précisément le secret que je propose ici, pour prévenir les dommages causés au grain, & pour y remédier totalement. Je puis présenter en toute sûreté la découverte que j'ai faite à cet égard, après des expériences répétées dans le cours de plusieurs années, toujours suivies de succès; bien des Observateurs en ont été les témoins, & ont enfin convaincu les plus incrédules.

Fourneaux ou étuves érigés déjà en plusieurs endroits.

Si mon dessein n'étoit pas de me resserrer dans des bornes étroites en fait de différends, & d'aller tout de suite au but, je pourrois fermer la bouche à tout critique, en appellant au Tribunal de l'Expérience. En matiere de Physique, elle a seule le droit de décider sur les disputes relatives aux Loix inconnues & inaltérables de la Nature. J'indiquerai trois genres de preuves, qui déposent authentiquement en faveur de cette découverte déjà adoptée depuis plusieurs années; elles consistent en trois édifices, l'un dans le voisinage de la *Pouille*, l'autre dans *la Capitana*, & le troisieme à *Manfredonie*. On y a échauffé jusqu'ici dans ces différens lieux, plus de deux cens mille *tas* de grain (*a*), sans qu'un

(*a*) Outre ces trois fourneaux érigés dans notre par-

seul

ſeul ait été endommagé. Ces grains ont depuis été vendus à l'enchere à un prix très-avantageux, & on en a fait de très-bon pain.

Mes Lecteurs me ſauront gré ſans doute de ne point leur taire les raiſons qui m'ont particulierement engagé à faire uſage du feu. Je vais me hâter de les ſatisfaire, & de faire paſſer rapidement ſous leurs yeux, les Expériences qui m'ont enhardi, ainſi que la route que j'ai tenue pour réſoudre parfaitement le problême de la conſervation du grain.

Néceſſité d'ôter le ſuc du grain.

J'ai d'abord obſervé que l'on s'eſt accordé juſqu'ici à reconnoître la néceſſité d'ôter tout le ſuc du grain ou plutôt ſon humidité, principe de ſa fermentation; j'ai apperçu qu'il ne con-

---

tie avec ſuccès, il en eſt déja pluſieurs qui s'élevent en Europe; mais comme je n'en ai qu'une foible connoiſſance, je n'ai pas voulu en faire mention, ni m'en prévaloir. Il y a deux ans que M. *Maréchal* (*a*) en éleva un ſur le modéle des nôtres, à Lille (en Flandres); il en avoit levé le plan en Italie & l'avoit préſenté au Roi; Sa Majeſté ordonna pour lors qu'on en élevât ſur le même modele, dans pluſieurs de ſes places. Peu de tems après on en conſtruiſit un à *Colmar* en Alſace, par les ſoins de cet ingénieur, dont on ne ſçauroit trop louer le zele pour le bien public. Enfin on en voit dans les mares de Toſcane, qui feront honneur au Duc Corſini, par l'ordre duquel ils ont été conſtruits.

(*a*) M. Duhamel, en ſon Traité de la Conſervation, publié en 1754, indique, page 123 de ſon Ouvrage, nouvelle édition, que M. Maréchal étoit Directeur des Fortifications de Languedoc, & confirme ce que notre Auteur avance ici ſur l'exiſtence des machines d'Italie, propres à ſécher les grains.

venoit point de l'enmagasiner dans un état bien sec.

Dans les premiers tems de la République, on voit que les Romains, après avoir fait sortir le grain de sa balle, l'exposoient à l'ardeur du Soleil, au plus fort de l'été, pour le conserver (*a*). Mais lorsque cette demi cuisson ne peut être opérée par la force du Soleil, que le manque de tems, les pluies, la froidure du climat ou d'autres obstacles empêchent de l'effectuer, ne pourroit-elle pas être suppléée par le secours de l'art & du feu? Les Egyptiens dans les tems les plus reculés, ont bien sçu saisir le degré de chaleur naturelle qu'il faut à la poule pour faire éclore ses petits & en obtenir.

Ne voit-on pas les Botanistes saisir & conserver également, par l'effet de leurs fourneaux, le dégré de chaleur des climats brûlans, pour faire végéter les plantes étrangeres, & en obtenir les

---

(*a*) Les Anciens étoient fort exacts à construire auprès des granges de leurs fermes, un lieu découvert sur lequel ils mettoient le grain à l'air ; il y avoit à côté un autre endroit couvert, appellé par *Columelle Nubilarium*, dans lequel on le serroit s'il survenoit quelqu'orage. *Voyez Varron*, *L.* 1. *chap.* 51, *page* 216. *Columelle*, *Liv.* 1, *chap.* 6, *v.* 24, *page* 407.

Palladio, plus positif que tous les autres, dit, L. 1, *Titre XXXVI*, *p.* 887. *Circa hanc* (*aream*) *sit locus alter planus & purus in quem frumenta transfusa refrigerentur & horreis inferantur*, *quæ res in eorum durabilitate proficiet ; fiat deinde proximum tectum maxime in humidis Regionibus sub quo propter imbres subitos frumenta si necessitas coëgerit, raptim vel munda, vel semitrita ponantur.*

mêmes fruits qu'elles donneroient dans leur terrein natal ?

Pourquoi, ai-je dit, ne trouverois-je pas aussi un moyen propre à échauffer le grain, & lui donner un degré de chaleur qui, sans le cuire & le rotir absolument, lui ôteroit son humidité : principe unique de sa fermentation intérieure. Pourquoi ne parviendrai-je pas par cette coction, à empêcher la corruption de la farine, sans décomposer les fibres & les petits canaux par où circule l'humeur vitale qui opere la pousse des racines & du germe ? Ces considérations m'ôterent la crainte que me donnoit l'activité trop précipitée du feu.

La cuisson empêche la fermentation.

On sçait encore très-bien que la cuisson a toujours été un remede efficace contre la corruption naissante, causée par la fermentation. Nous voyons tous les jours les viandes & les poissons cuits, se conserver plus longtems que lorsqu'ils sont cruds ; parmi les grains ceux mêmes qui sont les plus secs, comme les *Saragolles* (*a*), se conservent infiniment mieux que les plus humides. C'est ce qui me détermina à croire qu'il seroit avantageux de faire éprouver aux grains une approche légere, mais sensible du feu. Je ne présumois pas d'ailleurs qu'un léger commencement de cuisson pût nuire à un aliment qui ne peut nous paroître bon qu'autant qu'il est cuit.

Usage de la Toscane sur les chataignes, les glands & autres semences.

Quelques usages pratiqués par les gens de la campagne, & assez conformes à l'expérience que je voulois entreprendre, firent une forte im-

(*a*) On a parlé ci-devant de ces grains.

pression sur mon esprit. Le terroir des Monts Appenins, qui sont partie des Etats de Toscane, ne produit que des châtaignes. Les pauvres à qui elles servent à faire du pain, pour les mieux préserver de la fermentation, les étendent sur des clayes suspendues aux planchers de leurs cabanes. La fumée & la chaleur tuent les vers, dessèchent les châtaignes, & par ce moyen ils les conservent entierement saines. Les glands sont également préservés de la corruption quand on les expose au feu ou à la fumée. Les oignons, dont la substance est naturellement très-humide, & qui germent plus facilement que toute autre plante, se conservent de la même maniere. Il y a même des gens qui ont poussé plus loin l'expérience; ils ont échauffé avec un fer rouge la queue de l'oignon (*a*) & l'ont conservé. Mais ce qui me parut le plus décisif, & ce qui me déter-

---

(*a*) J'ai eu depuis de fortes raisons pour prouver l'efficacité du feu, qui ne m'étoient pas connues en 1728; entr'autres le Docteur *Hales*, nous découvre un usage singulier, répandu en Angleterre parmi les Boulangers. « Ils lavent, dit-il, le grain quand il est mal » propre, & ensuite ils le font sécher dans un four, » où ils le laissent 12 à 14 heures, & non seulement il ne » s'y gâte point, mais il s'améliore beaucoup Il devient » propre à la meule, il est purifié de toute mauvaise » odeur, & ne moisit point. *Voyez page* 141 *& suivantes*.

Outre cela M. Duhamel (1) a fait sécher du grain avec succès, dans des fourneaux, dont il ne donne pas la description, mais il paroît qu'il n'étoient pas fort différents des fours, & quoique ce soit une maniere très-imparfaite d'employer le feu à l'usage des grains,

(1) *Note des Traducteurs*. M. Duhamel avoit publié

mina d'autant plus pour l'épreuve du feu, ce furent les réflexions qui portent naturellement à croire que cet élément est un reméde puissant contre les charansons.

Personne au surplus n'ignore qu'on expose les vers à soye à la chaleur tempérée du four, ou à l'ardeur du Soleil, quand on veut les empêcher de sortir de leurs chrysalides, & tout le monde sçait que la chaleur les tue infailliblement, lorsqu'elle est trop violente. A plus forte raison le feu doit agir efficacement sur les œufs & les chrysalides des charansons, qui sont bien plus délicats que ceux des vers à soye. On en use de même encore pour faire mourir les vers qui gâtent la graine de *Kermès*.

Cette vérité n'a pas été toujours été inconnue, & *Augustin Gallo* en discourant sur les remédes qu'on peut procurer au grain piqué des charansons, s'exprime ainsi : « Aussitôt, dit-il, » que le grain commence à fermenter & à pro- » duire des insectes (*des Demoiselles*), il faut le » faire porter le matin dans la grange, le bien » nettoyer avec le crible, l'étendre ensuite & » l'exposer à l'ardeur du Soleil, jusqu'au cou-

---

il a éprouvé qu'au moyen de son fourneau tout autre expédient étoit superflu, & surtout la méthode d'éventer le grain, dont on a fait tant de cas.

en 1745 & en 1753, des Mémoires & Traités sur la conservation des grains, & c'est de cette découverte dont l'Auteur a voulu parler ci-devant, page 33. & maintenant ; mais l'Auteur ignoroit que M. Duhamel l'eût imité en 1754, dans son livre intitulé ; *Traité de la Conservation des Grains*, page 123, jusqu'à 155, d'après les Mémoires de M. Maréchal.

» cher de cet astre, enfin le serrer ainsi chaud
» & bien nettoyé, & en faire un tas extrême-
» ment élevé. Cette derniere précaution est,
» dit-il, très-essentielle, parce que plus le tas
» sera haut & chargé, plus la chaleur du grain
» se conservera & sera plus capable de détruire
» toute la génération de ces insectes (*a*).

Ce qui m'étonne le plus dans cet Auteur, c'est que reconnoissant la propriété de la chaleur, il ait recours au Soleil, dont la présence ne se manifeste pas toujours, & dont l'usage exige des frais énormes, pour des quantités considérables de bled, tandis qu'il néglige le feu qui est toujours à notre disposition. J'avoue que me trouvant le premier & le seul peut-être qui eusse fait ces réflexions, je doutois d'abord du succès de mon expérience; je balançai donc quelque-tems à mettre à exécution, la nouveauté d'un projet.

D'un autre côté je croyois fermement que pour purifier le grain, plusieurs personnes avoient eu quelquefois l'idée de se servir du feu, mais je me persuadois que l'embarras de l'employer efficacement, & d'en proportionner les dégrés de

(*a*) Parmi les Auteurs modernes qui ont écrit sur l'Agriculture, on trouvera ce conseil de *Gallo*. Je rapporterai encore volontiers les expressions de M. *Hyacinthe*, qui vient à l'appui de cette expérience. « Il est
» encore un remede, qui est d'exposer au Soleil les
» grains comme les légumes, pour que les œufs des vers
» ne viennent pas à leur degré de fermentation, & que
» ces insectes meurent. Le Soleil les fait périr ainsi qu'il
» tue les vers à soye dans leurs cocons, par le moyen du
» feu ou du Soleil.

force, ſuivant les circonſtances, leur avoit donné lieu à préférer l'expoſition du bled au Soleil.

Il eſt bon d'obſerver que les payſans de Florence, pour mettre leurs pois, leurs lentilles & autres légumes à l'abri des inſectes vermiculaires, les *enfournent* ordinairement auſſitôt qu'ils ont tiré le pain. Une boëte ſans couvercle contient les grains; on en poſe pluſieurs ſur une planche mince, longue & large, on ferme l'entrée du four, & on y laiſſe les boëtes pendant un tems convenu.

Il eſt clair que ſi cet exemple n'a point fait des progrès, c'eſt parce qu'on n'a pas cru pouvoir échauffer dans un four, pluſieurs milliers de tas de grain, ſans riſquer beaucoup de tems & des frais conſidérables.

Malgré toutes ces conſidérations que j'avois péſées avec application, je ne laiſſois pas d'avoir beaucoup de raiſons encore de douter, & & d'héſiter ſur les inconvéniens qui réſultent des vérités des faits phyſiques, ſouvent très-ſinguliers & inattendus; ce qui me paroiſſoit en effet un reméde dans ce moment, pouvoit être un poiſon dans un autre. Le feu, diſois-je, en remediant aux dommages connus, ne pourroit-il pas en produire de nouveaux que j'ignoraſſe? Ne pourroit-il pas d'ailleurs endommager le goût du grain, diminuer ſon volume & ſon poids, de maniere à faire perdre beaucoup ſur la vente?

Quand il ſurvient des doutes à un homme qui cherche la vérité, ſon unique parti eſt d'abandonner les raiſonnemens & les conjectures, & d'avoir recours à l'expérience. Je me rappellai à cette occasion ce passage du Poëte, qui dit qu'en comparaison des sens, la raison a les ailes courtes (*a*). Je restai donc flottant entre l'espérance & le doute, & j'attendis de l'expérience, ce qui ne pouvoit venir du raisonnement.

Expérience de mettre le grain dans un four.

Telle fut ma premiere expérience; je fis faire une caisse de peuplier, (ce bois est propre, & il donne entrée à la chaleur sans en retenir beaucoup). Ma caisse étoit de largeur semblable à celle de l'entrée d'un four, aussi longue que son diamétre, & ouverte par dessus. Les bords en étoient de la hauteur d'un demi pied; mais afin que la chaleur y pénétrât mieux, je la fis cribler de petits trous comme une rape; je la remplis de grains jusqu'à la hauteur de quatre pouces, je l'introduisis dans le four, aussitôt qu'on en eut tiré le pain, & je l'y enfermai. Le fond de la boëte ne posoit point sur le four, il étoit seulement élevé sur quatre traverses de bois.

Succès.

Je laissai cette caisse dans le four, jusqu'à ce qu'il fut refroidi; alors je retirai mon grain, je le mis dans un vaisseau plus grand, & l'examinai soigneusement; il se trouva fort sec, & il échappoit sous la main (*b*).

Il avoit bonne apparence & n'avoit contracté aucune mauvaise odeur ni aucun mauvais goût, je n'avois pas eu soin de le peser exactement auparavant; mais je reconnus que son volume

---

(*a*) Paradiso, Chant 2. v. 56.

(*b*) Quand les gens du métier disent avoir bonne main, ils veulent exprimer sans doute par-là, l'indice la plus favorable de la bonté du grain.

n'étoit pas diminué. Cette expérience m'inſpira de la confiance & du courage. Je ſemai dans un pot à fleurs 50 de ces grains paſſés au four, & dans un autre, j'y dépoſai 50 grains de la même eſpece, mais qui n'avoient point été purifiés par le feu. J'eus un ſoin égal des uns & des autres; enfin au bout de 7 à 8 jours, les grains qui n'avoient point été échauffés ſortirent & germérent. J'eus beau arroſer les autres pendant des mois entiers, ils ne donnérent aucune marque de végétation. Je reconnus par-là que le feu avoit entierement éteint dans ces grains, le principe de la germination. Je réitérai cette expérience pluſieurs fois, autant pour mon plaiſir que pour m'aſſurer plus poſitivement du fait, & elle a toujours eu le même ſuccès.

J'en puis citer encore une que je fis en 1751, le 11 Janvier, à *Maſſacquana*, village peu éloigné de Naples, je ſemai dans un vaſe de terre 60 grains de bled échauffés au four, & dans un autre pot ſemblable & plein de terre de la même qualité, j'y dépoſai 50 grains non échauffés; ces derniers commencerent à percer le 19 du mois; le 22 il y eut 46 plantes d'épis qui parurent; le 27 il en pouſſa un autre, de ſorte qu'il n'y eut que trois grains qui ne germérent point.

Des ſoixante grains qui avoient été échauffés, aucun ne germa; j'attendis même juſqu'à la fin du mois, tems auquel j'avois fixé le terme de mes Obſervations pour fouiller la terre, & je découvris 50 grains qui ne donnoient aucun ſigne de vouloir germer; ils étoient au contraire pleins d'une pâte tendre & blanchâtre. Les 10 autres que je laiſſai en terre pendant pluſieurs mois, & que j'arroſai ſoigneuſement, ne donnerent pas plus de signe de végétation ni de vie. Après cette expérience, qui me démontroit évidemment que la génération étoit éteinte dans ces grains, je voulus passer à l'autre épreuve qui concernoit les charansons, & voici ce qui arriva.

Autre expérience sur la fermentation.

Je continuai de mettre dans la boëte de peuplier, ci-dessus décrite, les grains que je voulois *enfourner*. Sa capacité étoit d'un boisseau. (*a*) En réïterant plusieurs fois la fournée, j'échauffai 15 boisseaux de grain (*b*), & je les mis ensuite dans une muid défoncé par un bout. J'enfermai ainsi ce grain pour le tenir amoncelé & provoquer la fermentation & la naissance des insectes. Je l'y gardai pendant six semaines, sans qu'il y parut aucune marque d'endommagement; au contraire étant refroidi & revenu de la chaleur du four, il resta plus d'un mois sans se gâter aucunement. Enfin tout alloit au gré de mes vœux, & pour couronner le succès de mes découvertes, il me vint dans l'idée de faire une autre épreuve.

Comparaison des effets du grain échauffé & du grain non échauffé.

Je mis dans un muid semblable au premier, une égale quantité de grain de la même qualité, & qui ne différoit cependant de l'autre, que parce qu'il n'avoit point été exposé à la chaleur du four, mais qui avoit passé par les pelles & par le crible, selon l'usage de la province de la terre de *Lavera*. Je plaçai ce dernier muid dans le lieu où l'autre étoit déposé, & qui contenoit le grain passé au four. A peine ces grains y eurent-

(*a*) Un *Tumoli* & demi environ.

(*b*) 22. *Tumoli* & plus.

'ls séjourné une semaine, qu'ils commencérent à produire des charansons, & se trouverent dans une si grande fermentation, qu'ils se seroient réduits en une farine corrompue, si je ne les eusse sur le champ, mis au large & ne les eusse fait vanner.

Les grains des Mazzon-de-Rose, & des Terres Leborie, qui étoient ceux sur lesquels je faisois mes expériences, sont produits dans un terrein gras & très-humide, & sont remplis par conséquent de suc & d'humidité. On ne peut les renfermer sans risquer totalement de les perdre.

Quelle fut ma joie après un succès aussi heureux, & une démonstration aussi manifeste! Pour en éprouver de semblable, il suffit d'avoir le même goût que j'ai pour ces sortes d'études. Ainsi rempli d'espérance & de sécurité, je commençai alors à chercher, non pas un remede pour la conservation du grain, (je crus l'avoir trouvé), mais les moyens de faire une application exacte de la bonté de ma découverte, en faisant usage de ces grains échauffés. A cet effet je fis moudre une partie de mon grain passé au four, il donna de très-belle farine, on en fit du pain d'une belle couleur & d'un goût excellent, & la pâte s'en leva très-heureusement. C'étoit une difficulté qui m'étoit encore restée dans l'esprit. L'épreuve que j'en vis faire, me donna lieu d'en être pleinement satisfait. Une autre non moins grave que cette derniere, c'étoit la diminution du poids, que pouvoit opérer l'action du feu, je fis à ce sujet quelques expériences, & je remarquai que le poids de mon grain n'étoit pas diminué de beaucoup.

j'étois trop impatient alors, pour m'arrêter à cette différence presqu'insensible, & je m'en tins là pour cette fois.

Je détaillerai au chapitre V les expériences qui furent faites avec plus de réflexion & le plus grand soin, & c'est d'après cela que j'ai reconnu avec un étonnement inexprimable, que non seulement mon grain ne diminuoit point, mais qu'il augmentoit de 7 pour 100 au bout de quelques mois. Enfin je me suis démontré par plusieurs argumens très-exacts, que la chaleur du four ne produit pas le moindre changement sensible dans la farine, ni dans le pain, mais qu'elle décompose seulement la texture intérieure du grain, & cuit les œufs des insectes.

Conclusion du chapitre.

Je m'attachai donc tout entier à chercher les moyens d'appliquer à de plus grandes parties de grain, le reméde que j'avois découvert. Je sentis toutes les difficultés de cette application. Il falloit donner à des masses très-considérables de grain, une chaleur, & pour ainsi dire, une cuisson égale, sans que les grains les plus voisins du feu pussent se rotir, ou que ceux plus éloignés & placés au centre restassent froids. L'embarras de placer tant de grain dans une situation convenable, de l'enfourner & de le retirer du four avec la facilité & la promptitude nécessaires, éclipsa bientôt ma joye; & sans avoir égard à ce que j'avois découvert, je fus presque tenté de renoncer à l'entreprise.

Je détaillerai dans le chapitre suivant, comment je me tirai de ce pas, & quelle machine j'imaginai pour échauffer le grain également.

CHAPITRE III.

Du secret de dessécher les grains dans une étuve.

De l'étuve du grain.

S'IL suffisoit d'imaginer des secrets, des machines, sans s'embarrasser de la maniere de les mettre en œuvre, il faut l'avouer, beaucoup d'inventions ainsi que leurs Auteurs, à qui l'on n'accorde aujourd'hui que du mépris ou de l'indifférence, pourroient encore se flatter d'avoir quelque droit à notre estime; mais un moyen qu'on ne peut exécuter, vaut-il mieux que s'il n'eût point été découvert? Outre cela, peut-on se flatter d'avoir résolu un problême, & mérité l'approbation de ses con-citoyens, quand on a fait une entreprise qui exige plus de dépense & de fatigue qu'elle ne rapporte d'utilité.

Le monde est rempli de pareils secrets produits par la Méchanique; il en est sur le mouvement perpétuel, sur des sources intarrissables, sur des instrumens faits pour élever tous poids quelconques & nombre d'autres encore. On a trouvé même des machines à l'aide desquelles on peut planer dans les airs. La Chymie de son côté fournit des préceptes pour fixer le Mercure, pour dessaler l'eau de la mer, & transmuer les métaux. Elle va même enfin jusqu'à nous rendre immortels. Tous ces secrets si admirables en eux-mêmes, n'ont cependant rien de solide. Ils servent tout au plus à rendre suspects aux yeux des sages, & ridicules à ceux du peuple, les Sciences & les Découvertes les plus utiles à l'humanité.

Il faut convenir aussi que le froid acceuil que l'on fait aux nouvelles inventions, vient du peu de succès de celles dont on vient de parler. Les hommes détrompés & guéris de leur excessive crédulité par l'expérience, sont tombés, par un défaut contraire, dans un pirrhonisme peu honorable pour les découvertes, & l'esprit humain n'y contribue pas peu par les extrêmes auxquels il se porte toujours. Mais ces excès bien loin de devoir être regardés comme criminels, ne peuvent qu'être utiles dans la recherche des vérités essentielles. L'homme est né pour quelque chose de plus grand & de plus élevé que les objets qu'il conçoit. Son imagination à force de s'étendre, va toujours au-delà des bornes qui lui sont prescrites. Rien ne lui paroît impossible. Du fini il a passé rapidement à l'infini d'où ses égaremens & ses erreurs ont pris naissance. De la Chymie, il s'est perdu dans l'Alchimie; de l'Algèbre dans la Cabale, de l'Astronomie dans l'Astrologie, &c.

Cet amour invincible pour les difficultés qu'entretient un orgueil mal entendu, a fait mépriser ces sages Méchaniciens, qui se sont astraints à faciliter les travaux, & à épargner les peines des ouvriers. La preuve de cette malheureuse ambition résulte de ce qu'on propose tous les jours des machines pour élever des fardeaux, & qu'on n'en invente aucunes pour les descendre; parce que la descente paroît à quelques-uns aiſée & naturelle, & qu'on ne ſoupçonne aucune gloire à aider la Nature.

On ne veut pas ſentir que les beautés de la Méchanique ſont les ſeules utiles quand elles ont pour objet les néceſſités de la vie, l'épargne des dépenſes & des fatigues ; on ne les adopte ordinairement qu'autant qu'elles ont rapport au luxe des édifices, & les ſecrets qui concernent les beſoins de la vie les plus eſſentiels, ſont ou négligés ou totalement rejettés.

Utilité de la machine appellée Palorcio.

Dans le village de *Maſſacquava* j'ai examiné à mon loiſir une machine dont l'invention ſert à deſcendre les fagots & les autres fardeaux du haut des montagnes les plus eſcarpées juſqu'à la mer. Son uſage eſt utile, facile & très-ancien. Les habitans nomment cette machine *Palorcio* ; elle conſiſte dans une corde tendue du haut d'une montagne ; l'extrémité de cette corde, après avoir traverſé une vallée, va ſe terminer juſqu'au rivage, & tout le long on fait deſcendre les fagots attachés par un crochet ou un nœud coulant. On évite ainſi la roideur des chemins & les longs détours, & en peu de tems on fait parvenir ce bois ſur le bord de la mer. Cet expédient me parut trop ſimple pour mériter le nom de machine ; je crus pouvoir l'améliorer & en étendre l'uſage non ſeulement à des corps légers, mais à des fardeaux d'un très-gros poids, & les faire deſcendre ſans aucun autre ſecours humain, l'eſpace de pluſieurs milles. Je penſe avoir découvert par le moyen de cette machine, le ſecret de faire tirer avec des forces très-peu conſidérables, ſur des plaines ou ſur des petites éminences, les fardeaux qu'on ne tranſporte pas ordinairement sans de grandes peines, & sans beaucoup de frais.

Après ces découvertes, je calculai avec plaisir combien cet instrument simple & grossier deviendroit utile aux hommes. J'entrevis qu'il pourroit servir comme de canal & de vaisseau de transport pour les fardeaux les plus lourds, avantages que ne procurent point ces belles machines qu'on admire dans les galeries des Rois & dans les plus célébres Atteliers, qui n'élevent que des colonnes & des obélisques. Je me propose de traiter plus au long du *Palorcio*, dans un ouvrage à part. Il suffit pour mes Lecteurs de les avertir que cette digression n'est pas tout à fait étrangere à l'objet auquel je me suis attaché pour échauffer les grains. On pourra faire usage du *Palorcio*, quand les magasins seront un peu éloignés du four, & il sera aisé de les transporter par ce moyen, au four, & du four au magasin.

Difficulté de trouver le dégré du feu propre à l'étuve.

Pour revenir aux difficultés qui m'avoient arrêté & qui consistoient à donner au four une chaleur dont tous les grains fussent également pénétrés, celles qui me parurent les plus importantes à lever, furent, 1o. la difficulté de l'entreprise. 2o. Les frais des expériences qui seroient perdus, si je ne réussissois point; mais ce qui me consola, c'est que mon projet étoit encore à moi, je n'avois qu'à imaginer, & ensuite exécuter à mes dépens, sans crainte d'être exposé à la jalousie ou à la curiosité dangéreuse des étrangers. Ils sont presque toujours des obstacles au succès des entreprises, où il faut aller à tâton, & où les premieres expériences ont presque

presque toujours le sort d'une mauvaise réussite.

Pour trouver un chemin sûr parmi tant de ténébres, je réduisis la chose en problême, & j'eus recours aux lumieres de la Géométrie. Le problême se réduisoit à trois points principaux. 1°. A donner une coction égale à chaque grain; 2°. à la donner en même-tems, à une quantité considérable de froment, avec des dépenses presqu'insensibles, & sans aucune diminution du poids; 3°. à proportionner cette opération à l'intelligence bornée des gens de la campagne.

Choses nécessaires à sçavoir.

D'abord j'ignorois deux choses qu'il étoit important de sçavoir, 1°. sur quels corps & sur quelle matiere il falloit échauffer le grain; 2°. à quelle hauteur on pouvoit remplir les boëtes pour que les grains du milieu se trouvassent aussi bien échauffés, que ceux de la superficie.

Nature des vaisseaux dans lesquels on peut renfermer le grain au four ou à l'étuve.

L'expérience m'apprit que les lames & les boëtes de fer, de cuivre, de terre cuite, comme *tuiles*, *briques*, &c. n'étoient pas propre à l'exécution de mon projet, & je sentis que ces matieres en rougissant au feu, pouvoient brûler une partie des grains qui les auroient touchés. Par la même raison toute sorte de bois étoient contraires à cette épreuve. Les plus durs, comme le *noyer*, le *chêne*, le *chataîgnier*, le *poirier* & même l'*olivier* & le bois d'*ébenne* s'enflamment très aisément. Il fallut donc se servir de planches d'un bois souple & léger, tel que le *sapin*, le *peuplier*, & celui que nous appellons *chiuppo*, ou quelques autres semblables. Le liége seroit encore bon, mais il faudroit lui donner trop d'épaisseur,

& les planches de ces boëtes ne doivent avoir que celle d'un pouce.

Il seroit imprudent aussi dans la construction de ces boëtes, de se servir de clous de fer ; ils rougiroient pareillement & porteroient l'inflammation au-dedans. (*a*) On ne doit y employer seulement que de la colle pour en joindre les planches. Les chevilles & les jointures qui y sont nécessaires doivent conséquemment être de bois.

Enfin pour faciliter l'entrée de la chaleur dans

(a) Cette remarque qu'on a faite que le fer rougit dans le four & brûle le grain, quoique constatée par plusieurs expériences, peut être démentie par ce qui est arrivé à M. Marechal dans les étuves à grain, qu'il a fait bâtir en France à l'imitation des miennes. Pour empêcher les planches de ces boëtes d'être altérées ou crévées par le feu, il les a fait faire toutes de fer ; son mémoire, qu'il m'a envoyé, annonce qu'il est très-content de s'être écarté en cela de mon exemple. D'où vient donc une différence si singuliere ? C'est ce que je ne hazarderai pas d'expliquer. En Physique on est fort louable d'aimer à faire des expériences & à découvrir de nouveaux phénomènes ; mais on seroit blâmable de vouloir décider précipitamment sur leur cause : tout ce que je puis dire, c'est que la différence qui s'est trouvée, provenoit peut-être d'une surabondance d'humidité dans les grains, qui en humectant le fer, l'empêchoit qu'il ne rougît, & ne rôtissoit que ceux qu'il touchoit. Peut-être aussi n'a-t-on pas fait beaucoup d'enfournemens l'un après l'autre. Quoi qu'il en soit, je recommande une fois pour toutes, à ceux de mes Lecteurs qui voudront faire usage du secret que je propose, de faire d'abord des expériences sur leur grain, & d'appliquer ma recette à la qualité du grain & au climat.

ces boëtes, & la communiquer jusques dans les canaux où est renfermé le grain, il faut cribler les planches de petits trous, par le moyen d'un foret. Ces expériences, dont j'ai fait l'épreuve avec succès, m'ont éclairé sur ce premier objet.

Epaisseur qu'on doit au grain qu'on étend.

A l'égard du second point qui concerne la hauteur des tas de grains, j'ai reconnu après quelques épreuves, qu'il falloit donner peu d'épaisseur ou de hauteur aux couches de grain, en observant cependant que comme l'action du feu est plus forte en-dessous qu'en-dessus & latéralement, les boëtes supérieures peuvent contenir des couches de grain de trois à quatre doigts, & les inférieures n'en doivent avoir seulement que deux ou trois doigts. Les canaux propres à recevoir l'embouchûre de ces boëtes, doivent être étroits, parce que le grain y est assez garanti de la chaleur; & quoique j'aie toujours eû l'habitude de les faire de la largeur de trois pouces, il est suffisant de leur dônner à tous, deux doigts de largeur, & même moins. Il vaut infiniment mieux avoir une étuve à grain qui n'en puisse contenir qu'une petite quantité, plutôt que d'en avoir une imparfaite & vicieuse (a).

Premiere forme de l'étuve.

Four à grain.

Après ces découvertes faites pour ébaucher ma machine, je fis construire une chambre sans

(a) Il est inconcevable combien peu d'épaisseur on doit donner aux couches du grain pour favoriser l'introduction de la chaleur dans l'intérieur des masses, je rapporterai quelques expériences à ce sujet au Chapitre cinq.

ouverture ; je la fis garnir tout autour de différens rangs de boëtes, à peu-près comme les tablettes de blibliothéque, ou plutôt comme celles sur lesquelles on conserve des fruits ; mais cette disposition me parut encore défectueuse à cause de la peine & du tems qu'il falloit prendre pour les emplir & les vuider une à une, & parce qu'après l'enfournement, il étoit besoin encore d'ouvrir la porte de chaque boëte, & la chaleur de l'air & celle des tablettes se dissipoient par-là ; cela consumoit le tems d'un second enfournement. Cette nouvelle difficulté me frappa vivement, mais un instant de réflexion me découvrit bientôt les moyens de porter ma machine à sa perfection, je ne tardai pas à tirer parti de l'espéce de fluidité du grain, qualité commune à toute matiere composée d'un grand nombre de petits corps presque ronds. Je remarquai que cette fluidité qui les fait couler sur des plans inclinés & dont la pente n'est pas trop foible, pouvoit m'être de quelque secours dans mon opération. En suivant donc ce principe, je parvins à tirer tout l'avantage que je pouvois désirer de mon four ou étuve, & en profitant de cette propriété naturelle, voici les changemens que je fis.

Comment ma machine fut perfectionnée.

Je séparai par le milieu mes planches, qui s'étendoient d'abord de niveau & parallelement d'un angle à l'autre de chaque muraille. Je leur donnai une petite pente l'une contre l'autre, de façon que la partie la plus haute pût se trouver vers l'angle de la chambre, & la plus basse panchée vers le milieu de la muraille. Entre la séparation inclinée des deux files de cassettes, j'y plaçai un canal de même largeur que les boëtes. Ce canal posé perpendiculairement à la hauteur du mur, se termine par le bas en forme d'équierre, & son objet est de communiquer aux deux côtés de l'embouchûre des boëtes.

Pour me servir d'une image familiere, & fixer mieux l'attention sur ce canal, qu'on s'imagine voir la grosse arrête d'un poisson à laquelle aboutissent les arrêtes inférieures qui s'étendent des deux côtés, ou bien qu'on se représente le corps d'une plume, auquel sont attachés les fils latéraux, & l'on aura l'idée de la forme de notre canal.

Situation des boëtes jointes par le milieu par les canaux perpendiculaires.

Dans les deux angles de la muraille où étoient les parties les plus élevées des boëtes, je plaçai les deux autres canaux semblables à celui du milieu, avec cette seule différence, qu'ils n'étoient pas percés des deux côtés, mais seulement du côté par où ils devoient communiquer avec les boëtes, tandis que l'autre côté étoit adossé contre le mur. On sent parfaitement bien que l'un de ces canaux, devoit être percé à droite, & l'autre à gauche. Par ce moyen il suffisoit de faire tomber le grain du haut du toît dans ces deux canaux latéraux; alors ce grain par sa pente naturelle, se trouvoit incliné à entrer dans les boëtes, & de-là à se porter dans le conduit du milieu, pour y descendre jusqu'au fond, sans aucun empêchement. Au bas de ce même canal est pratiqué une porte de sortie, qui perce l'épaisseur du mur, une petite trappe s'ouvre, alors le grain des 3 canaux & celui des boëtes de ce côté de chambre, se vuident facilement, sans que l'on ſoit obligé de tenir une porte ouverte, & de refroidir l'air du four.

Invention des traverſes miſes dans les boëtes.

Cette expérience faite, il falloit encore empêcher les caſſettes inclinées, de verſer trop abondamment le grain, quand elles étoient trop pleines. Leurs bords qui n'étoient que de cinq ou ſix doigts de hauteur, ne ſuffiſoient pas pour contenir le grain dans la partie la plus baſſe des caſſettes. En faiſant auſſi les bords plus hauts qu'ils ne devoient l'être, le grain pouvoit s'amaſſer juſqu'à une certaine hauteur, & empêcher l'action du feu de pénétrer dans la partie centrale du grain, défaut plus important que tout autre, comme je l'ai déja dit, & qui pouvoit tirer à conſéquence. Pour remédier à cela, j'imaginai de mettre dans chaque caſſette trois planches de même largeur en traverſes. Elles devoient ſervir de digues pour retenir le grain dans quatre differens eſpaces au niveau. Pour mieux comprendre l'art de ces digues, qui fait la partie la plus ingénieuſe de ma machine, il faut jetter les yeux ſur les figures *I & II de la Planche VII.*

Dans la figure premiere eſt deſſinée une caſſe ou caſſette, avec les morceaux de canaux entre leſquels elle eſt attachée. Le canal C C. eſt adoſſé contre la muraille, que j'appelle le *canal d'immiſſion.* De la fente pratiquée dans ce canal KK, on voit ſortir le grain qui ſe répand dans la caſſe inclinée en forme de goutiere, & le canal d'*émiſſion* EE. eſt repréſenté partagé & rompu par le milieu, afin que dans l'intérieur on voye la fente L. par laquelle le grain ſort.

m. m. ſont les digues ou les traverſes dont j'ai parlé ; elles ne deſcendent pas juſqu'au fond de la caſſe ; elles laiſſent un doigt d'eſpace, & forment trois eſpéces de filieres ou de fente, par leſquelles il faut que le grain paſſe avant que de deſcendre juſqu'à l'embouchûre L.

On comprendra mieux l'uſage des digues par la figure II, où eſt repréſenté le profil de la caſſe ; le fond de la caſſe eſt ſur la ligne D.

X. eſt l'ouverture du canal d'immiſſion. Z. repréſente le canal d'émiſſion.

Tout lecteur concevra facilement que moyennant les traverſes M. M M, le grain doit ſe ſoutenir à quatre divers eſpaces au niveau, *a*, *b*, *c*, *d*, & reſter dans les boëtes à quatre différens degrés, parce que quand il eſt arrivé dans la partie la plus baſſe à la hauteur a, les autres grains qui deſcendent en heurtant contre la traverſe m, ne paſſent pas dans le degré inférieur ; ils ne trouvent cette liberté qu'au moment où les autres en ſont ſortis. C'eſt pourquoi la partie inférieure de la caſſette ne ſe remplit pas plus qu'auparavant. De même le grain qui a heurté contre la ſeconde traverſe m, s'éléve juſqu'au niveau b, & ne paſſe pas plus haut, par la raiſon déja rapportée, que la traverſe ſupérieure m, empêche qu'une plus grande quantité de grains ne deſcende.

La même choſe arrive encore au grain arrêté entre les autres traverſes m. m ; il s'y ſoutient néceſſairement au niveau, juſqu'à ce que la partie inférieure du grain ſoit entiérement écoulée. Enfin le grain tombant de l'eſpace plus élevé, s'arrête auſſi tôt qu'il eſt parvenu au niveau, & étant retenu par la meſure de la fente K (fig. I.), dont la capacité n'a qu'un pouce de large, il ne peut monter plus haut, c'eſt ce qui fait que le grain s'étage ſucceſſivement dans chaque caſſette en 4 degrés différens, & aucun ne ſurpaſſe la hauteur de la ligne Z. K, fig. II. qui repréſente le rebord de la caſſette. Il réſulte de-là qu'aucune partie de la caſſette ne reſte vuide, & qu'elle ne ſe trouve trop pleine. Le contraire arriveroit ſi l'on ôtoit les traverſes m. m. m; le grain tomberoit néceſſairement dans un ſeul niveau qui ſeroit celui de la ligne Z, & il ſe trouveroit à la fin élevé de plus d'un pied au-deſſus du point X. (*a*).

Il eſt aiſé maintenant de comprendre comment, par la différence qu'il y a entre la hauteur des fentes K. K, & celle de l'eſpace laiſſé ſous les traverſes, eſpace plus ou moins grande ſelon le beſoin, on peut diverſifier par

---

(*a*) Il eſt néceſſaire d'avertir ici que le grain n'étant point un fluide, il ne s'établit pas dans les caſſettes à un niveau paralelle à l'horiſon, mais incliné. J'ai découvert par des expériences, de combien eſt cette inclinaiſon, & j'ai réglé ſur cette connoiſſance la pente de mes boëtes & le nombre des traverſes, comme on le voit dans la figure II, planche VII. J'ai conclu de-là que ſans les traverſes, le grain ſurpaſſoit d'un pied, la hauteur du bord de la caſſette, dans la partie inférieure, quoiqu'elle ſoit quatre pouces au-deſſous du niveau horiſontal.

cette variété, les niveaux du grain, & les rendre plus ou moins hauts; & il est également très-facile selon la différente nature du grain plus ou moins humide, de construire des étuves ou fours toujours propres à donner à toute sorte de grain, une cuisson non pénible, précise & générale.

Lorsqu'on aura saisi le méchanisme des traverses que je viens de dépeindre, on verra d'un coup-d'œil tout l'esprit de la machine; mais je ne puis le cacher, elle paroît fort compliquée au premier abord, & il est bon d'observer à ceux qui voudront en construire une semblable, de ne point s'écarter de celle que j'ai fait élever afin de ne point commettre des fautes qui seroient toutes de la derniere importance. J'ai voulu dans cette partie ne manquer à aucun détail, c'est pourquoi non content d'avoir fait une description exacte de ma machine, j'ai pensé à en donner le modéle avec une invention, qui je crois, n'a jamais été imaginée par personne, & qui a le mérite de développer les idées des Mechaniens, sans aucun risque d'équivoquer, soit pour la situation des parties, soit pour leur mesure.

Defcription du four ou de l'étuve à grain.

Defcription du four ou étuve.

LE four ou l'étuve eft un petit édifice de brique, femblable pour la forme à une petite tour quarrée, dont l'intérieur contient un feul appartement long & large de 13 pieds Napolitains (*a*), & qui eft haut de 19. La voûte eft femblable à celle que l'on appelle *à botte*, avec cette différence que fes angles n'appuient que fur le mur de la porte & fur celui oppofé, & non fur les deux murs latéraux à la porte, comme dans les appartemens ordinaires.

Cet édifice n'a qu'une porte haute de 7 pieds, & même moins, & fa largeur eft de 5 pieds & demi (*b*).

Au-deffus de la porte eft un œil d'un pied de diamétre, conftruit dans le mur, fervant de foupirail (*c*).

Au deffus de cet édifice eft une terraffe qui eft entourée de parapets (i, i,) hauts de trois ou quatre pieds.

Si cette tourelle fe trouvoit élevée dans des endroits couverts comme dans les magafins mê-

---

(*a*) *Voyez* fon Plan, planche premiere. (A, A, A, A,).

(*b* *Voyez* Planche II. (B, B,)

(*c*) *Voyez* planche II. (X).

mes, il ne feroit pas befoin d'une autre couverture; mais lorfqu'on l'éleve en plein air, il faut prolonger les quatre murs au-deffus de l'appartement que l'on vient de décrire, pour y conftruire un fecond étage bas, & le toit couvert de tuiles, doit défendre l'édifice entier, & principalement la terraffe qui eft fous la voûte, des injures de l'air. J'appelle cet étage, à caufe de fon ufage, *le garde-grain.*

On y monte par un efcalier, ou une échelle.

Au milieu du plancher fupérieur il y a *6* trous ronds, larges chacun de trois doigts, placé à une différence égale l'un de l'autre, fur une même ligne, & correfpondant au fommet de la voûte. La ligne dans laquelle font placés les trous, s'étend du milieu du mur latérale à la porte au milieu de celui oppofé : c'eft à dire que cette ligne fe trouve paralelle au mur de la porte (*a*). Ces trous perçant l'épaiffeur de la voûte, ont leur embouchûre dans l'appartement, & y laiffent paffer les grains qu'on verfe fur la terraffe. (*b*). Ces grains tombent enfuite fur la couverture du château de charpente qui y eft renfermé, & que je vais décrire.

Trous de la terraffe.

(*a*) *Voyez* planche III, IV, V. (N, N, N, N, N, N.)

(*b*) *Voyez* la planche IV.

Nombre des caſſettes & des conduits.

Dans l'intérieur de l'appartement, une des murailles étant occupée par la porte & par le ſoupirail, les trois autres ſont garnies de caſſettes & de conduits dans leſquels le grain doit être deſſéché (*a*). Il y a dans cette chambre 84 caſſettes, tant grandes que petites. Les murs des deux côtés en contiennent chacun 36. Celui qui fait face à la porte n'en contient que 12, attendu que ſa capacité eſt reſerrée par la largeur des caſſettes des deux murs latéraux (*b*). Il y a en tout 8 conduits ou canaux qui communiquent le grain aux caſſettes, dont quatre ſont placés aux quatre coins de l'édifice (*c*); deux au milieu des deux murs latéraux à la porte que j'appelle *canaux d'émiſſion*, & au-deſſous de ces deux canaux, il y a un petit canal (*d*) qui ſert d'*excréteur* au grain, c'eſt-à-dire du *trou par où il ſort*. Enfin il y a deux autres conduits qui ſervent, l'un pour l'*émiſſion* (*e*), & l'autre pour l'*immiſſion* (*f*) aux douze caſſettes qui ſont face à la porte.

Ces conduits ſont comme autant de canaux poſés perpendiculairement ſur la terre. Ils ne dif-

---

(*a*) *Voyez* planche I. (D, D, D,).

(*b*) *Voyez* planches I, IV, V.

(*c*) *Voyez* planches I, III, IV, (C, C, C).

(*d*) *Voyez* planches I, III, IV (F, F, F,).

(*e*) *Voyez* planches, I, III, IV (E, E, E).

(*f*) *Voyez* Plan I, III, IV, (C, C, C, C.)

férent entr'eux que par la longueur, & se ressemblent pour les autres dimensions. Leur largeur par leur petit côté, n'est que de quatre doigts y compris même l'épaisseur des planches (qui est d'un pouce au plus,) & de l'autre côté ils sont larges de quatre pieds, & ils ont autant de fentes horisontales qu'il y a de boëtes dont l'embouchure s'incline sur leurs flancs. Leurs ouvertures sont larges d'un doigt, & longues de quatre pieds, selon la largeur de la cassette & des conduits, (K, K, & L, L,) (*a*). Ils ont les fentes des deux côtés; mais tous les autres conduits, (C, C. (*b*),) ne les ont que d'un seul. La distribution des cassettes étant la même pour les deux murailles latérales à la porte, il suffira de décrire l'une des deux.

Situation des boëtes contre les murailles latérales à la porte.

D'abord on voit au milieu de la muraille, le conduit que j'appelle d'*immission* posé ou encadré en équerre (E, E,) (*c*). Sa hauteur est de treize pieds & demi, & sa largeur comme j'ai dit ci-dessus, est d'un côté de quatre doigts & de l'autre de quatre pieds. La largeur la plus grande de ce conduit, s'étend du mur vers l'intérieur de la chambre, & il est adossé contre le mur par son petit côté qui est de quatre doigts. Il y a dix-huit cassettes de chaque côté de ce conduit, embouchées dans ses flancs étendus, par la partie

(*a*) *Voyez* planche IV.

(*b*) *Voyez* planche V.

(*c*) *Voyez* planche IV.

(D, D, d, d,). Elles ſont toutes également de quatre pieds; mais elles différent cependant par la longueur, attendu que les caſſettes ſupérieures ſont plus courtes les unes que les autres, comme étant les plus élevées en s'étendant juſqu'aux conduits, elles commencent aux extrêmités inclinées de la couverture de la charpente; & il arrive delà que comme cette couverture qui eſt faite en toît, ſe reſſerre & ſe termine en tranchant par le milieu, ces caſſettes ſupérieures ſont plus courtes que les inférieures. (On le voit clairement dans la planche IV.); mais les dix dernieres conſervent toutes également dix-ſept pieds de longueur, & elles s'étendent du conduit d'immiſſion (C,) qui eſt à l'angle de l'appartement, à celui d'émiſſion qui eſt au milieu (E,). Les conduits latéraux placés aux coins des murs ſont ſemblables à celui du milieu quant à la largeur & à l'aplomb; mais ils ſont beaucoup plus courts, parce qu'ils commencent à la partie la plus baſſe de la couverture: c'eſt-à-dire quatre pieds trois pouces au-deſſous du conduit du milieu, & que les extrêmités ſe terminent à la derniere caſſette qui eſt plus élevée de ce côté de quatre pieds trois pouces que de celui par où elle eſt attachée au canal d'émiſſion, ainſi les conduits d'immiſſion ou des coins, n'ont guères que cinq pieds de longueur & ils touchent les murailles de deux façons: c'eſt-à-dire que par leur côté large, l'un adoſſe le mur où eſt la porte, & l'autre le mur oppoſé, & par leur petit côté de quatre doigts de large, ils touchent les murailles latérales (*a*).

Description des cassettes.

Il me reste à décrire la forme des cassettes qui sont toutes à découvert, & dont les bords élevés de presque d'un demi pied, inclinent en pente & forment un angle d'environ cinquante-huit dégrés. Il faut savoir que dans les plus grandes cassettes la partie supérieure du bord est plus haute de quatre pieds trois pouces que la partie inférieure ; elles sont toutes sur une ligne parallele, & elles ont conséquemment une distribution égale & une pente inclinée l'une au-dessus de l'autre, à la distance d'un demi pied environ du fond de chaque cassette. Cette pente qui leur est donnée est nécessaire pour que le grain ne s'y arrête pas, & qu'il ait un cours libre. Chaque cassette contient les trois traverses de bois, dont j'ai décrit ci-dessus la forme & l'usage important. On peut le voir dans les cassettes fendues (d, d, d, planche IV.), & plus en grand dans la planche VII, fig. I & II. Mais comme j'ai déja observé que l'ordre des cassettes étoit le même dans les deux murailles latérales, je me dispenserai de décrire la seconde.

Il y a quelque changement à faire dans l'ordre des cassettes placées à la muraille qui est en face de la porte, parce qu'elle est plus étroite. L'espace de ce mur est occupé de chaque côté

(*a*) *Voyez* planches I & IV.

de quatre pieds de largeur par les cassettes des murailles latérales. Ainsi dans l'espace qui reste & qui n'est que de cinq pieds, sont placés des deux côtés, les conduits d'émission (C, E, planches I, III, V,) qui différent de ceux que nous venons de décrire en ce qu'ils sont tous deux également élevées, & qu'ils ne descendent pas des autres conduits, comme je l'ai observé, l'un du comble, & l'autre du point le plus bas de la couverture, mais seulement de ses côtés ou pentes, ils ne sont pas cependant également longs, parce que celui d'émission (C.) différe par le bas de près de trois pieds quatre pouces de moins que celui d'émission (E.), & qu'en outre celui d'émission C. n'est pas placé dans le coin de la muraille, & ne peut être appuyé par ses côtés à l'un & l'autre mur; mais il est seulement attaché contre les cassettes du mur latéral qui est à droite: de même aussi le canal d'émission (E.) n'occupe pas le milieu du mur, & n'est pas percé des deux côtés, mais il est appuyé par un de ses flancs contre les cassettes du mur latéral qui est à gauche, & son autre flanc est ouvert par douze fentes horisontales, lesquelles reçoivent l'embouchure des douze cassettes (*a*), delà il s'en suit encore que la trape de sortie ne se trouve pas directement au milieu de la muraille; mais un peu à gauche (*b*). C'est pourquoi en ôtant

(*a*) *Voyez* planches I & V.

(*b*) *Voyez* planche I.

sur la largeur, huit doigts pour l'espace des canaux, & un doigt d'épaisseur pour les planches; il reste un peu plus de quatre pieds pour les cassettes. A l'égard de la forme & de la position des traverses; elles sont en tout semblables à celles qu'on a déja décrites.

Tout cet édifice de charpente comme nous l'avons déja dit, est couvert d'une espéce de toît fait de bois (*a*) à deux pentes, dont les deux bords appuyent l'un sur le mur de la porte, l'autre sur le mur opposé. Son comble est paralelle à celui de la voûte, & par conséquent aussi à la ligne des six trous décrits ci-dessus (marqués N, N, N, N, planche III,). La pente de la couverture fait un angle *obtus* d'environ cent quinze dégrés, il y a sur chacun de ses côtés, quarante-une fentes toutes également longues de quatre pieds & larges d'environ un doigt, & autant d'embouchures qui communiquent aux cassettes & aux canaux. Trente-deux se rendent dans les cassettes supérieures des murailles latérales, & huit autres donnent dans les conduits qui sont perpendiculairement au-dessous. Outre cela il y a une semblable fente au bord de la couverture contre le mur, qui fait face à la porte entre les deux conduits d'immission & d'émission, par laquelle se détache & s'échappe le peu de grain qui n'a coulé dans aucun conduit ni dans aucune cas-

Couverture de l'étuve.

(*a*) *Voyez* planche III.

ſette. On comprendra mieux la néceſſité du petit canal en voyant les deſſeins (Voyez O. planche III.); on ne pourroit, quant à préſent, le décrire ſans longueur, & peut-être ſans obſcurité.

Traverſes de la couverture. La couverture eſt ceintrée tout au tour, d'un bord plus haut que celui des caſſettes, & des traverſes y régnent également. Elles ſont toutes poſées le long des deux pentes de la couverture; mais elles laiſſent plus d'eſpace entr'elles & le fond, dans les caſſettes, parce que l'activité du feu étant plus grande en deſſous qu'en deſſus & latéralement, on a reconnu qu'on pouvoit ſans danger, y laiſſer le grain s'amaſſer à plus de hauteur, ſans craindre qu'il fut trop peu échauffé.

Il faut auſſi obſerver que toute cette charpente dont on vient de parler, ne poſe pas ſur le ſol, mais ſur une baſſe élevée exprès de quatre pieds (A, A, planche II) & cela pour pluſieurs raiſons.

1°. Pour ne pas trop approcher du feu la machine de bois, dans la crainte de rotir les grains ou de brûler tout l'édifice.

2°. Afin que les débouchés ou les embouchures de ſortie, ne poſent point à terre & puiſſent verſer plus facilement le grain.

3°. Enfin parce que le feu n'auroit pas aſſez d'activité pour les caſſettes qui ſe trouveroient au-deſſous de lui ou même à ſon niveau.

Deſcription des débouchés ou embouchures de ſortie. Pour achever cette deſcription il ne reſte plus qu'à parler des débouchés ou des ſorties, ils ſont au nombre de trois (F, F, F, planche I.) Chacun d'eux eſt placé ſous le conduit de bois d'émiſſion qui y correſpond & qui eſt à chaque face des murs de la chambre; ce n'eſt qu'un petit canal oblique pratiqué dans la muraille, qui a sa pente en dehors, à l'embouchure de laquelle il y a une petite trape qui se hausse & se baisse, pour ouvrir ou fermer la sortie au grain (F, F, & g, g, planche V.). L'embouchure ou l'orifice de chaque débouché est élevé de terre de deux pieds & demi; mais pour parvenir à la construction de cet édifice, il est bon d'avertir que si l'on fait un escalier de maçonnerie pour monter sur la tourelle, il faut se donner de garde qu'il ne masque aucun des débouchés dont nous venons de parler.

Ce détail, je crois, est suffisant pour donner une idée complette de l'étuve à grain: s'il reste encore quelques difficultés à ce sujet, on pourra s'éclaircir par le moyen des planches & de l'explication qui est au bas, & si cela ne suffit pas encore, il faudra prendre la peine d'en composer le modele en carton, suivant la maniere que j'ai imaginée.

Je passe à présent à la façon d'opérer pour échauffer ou étuver le grain.

Maniere de monter le grain dans l'etuve.

Il suffit de le monter sur la planche de la terrasse, & de l'y étendre quand les six trous sont bouchés; mais parmi les différents moyens les plus propres & les moins couteux pour le faire monter sur le toit, celui que les maçons employent à soulever les fardeaux, m'a paru le plus satisfaisant pour épargner beaucoup de tems & de fatigues, l'exposé succint que je vais en faire, mettra le Lecteur à portée d'en juger.

Dans une étuve que j'ai fait construire, on a vu avec plaisir l'usage d'une espéce de balance, dont je ne sache pas qu'on se soit servi jusqu'à préſent (*a*) ; elle conſiſte dans une poutre droite, plantée ſolidement en terre, & dans une autre miſe en travers deſſus. Cette eſpéce de balance eſt aſſez ſemblable à cette machine avec laquelle on puiſe de l'eau dans les citernes un peu profondes pour arroſer les jardins. Pluſieurs Porte-faix au lieu de monter chargés ſur la tourelle, peuvent s'en éviter la peine ; ils ſe mettent à cet effet à califourchon ſur une extrêmité de la fléche. La peſanteur de leurs corps par un contrepoids heureux, en faiſant pancher la flêche où ils ſont aſſis, parvient à faire élever l'autre extrêmité où ſont attachés les ſacs de grain. Pour aider à la peſanteur du corps des porte-faix, il y a une corde qui deſcend à terre, & dont le bout eſt fortement lié à la pointe de la fléche, ſur laquelle ils ſont aſſis. Cette corde eſt paſſée dans une poulie plantée en terre, & elle remonte enſuite juſqu'en haut de la fléche pour être priſe par celui qui eſt deſſus, de cette façon le porte-faix en la tirant de toutes ſes forces peſe davantage ſur la fléche, & en multipliant ſes efforts, il aide d'autant à ſe deſcendre.

Trois choſes concourent en même tems à cette action & en accélérent le mouvement, la peſanteur naturelle du corps peſe ſur la fléche & la

(*a*) *Note des Traducteurs.* Les Braſſeurs ſe ſervent de cette poulie en Flandre, pour élever dans leurs cuviers & leurs chaudieres, l'eau de la riviere. Ils tirent la poulie avec le ſceau, & ayant puiſée, le ſceau eſt enlevé, & l'eau s'en verſe dans les tuyaux.

détermine à s'ébranler. L'action de l'homme en tirant à lui cette corde, en augmente la pression, & ses efforts réitérés, achevent la descente de la fléche, & élevent en même tems, celle qui lui est opposé ; ainsi en triplant son poids, cet homme parvient à élever un fardeau au moins trois fois plus lourd que celui qu'il auroit pu porter.

Voilà à quoi se réduit toute la simplicité de cette machine.

Le *Palorico* (a) que nous avons décrit ci-devant peut aussi épargner la peine non-seulement de monter le grain, mais encore de le porter du magasin à l'étuve, & de l'étuve au magasin ; mais ce seroit sortir de mon sujet que de m'arrêter à décrire exactement cet instrument. Je me contenterai de dire qu'il ne consiste que dans une corde tendue du magasin jusqu'à l'étuve. Le long de cette corde courre une poulie, où pend un crochet. A ce crochet est attaché le sac de grain ; si le terrein est en pente, le fardeau va de soi-même ; mais s'il est droit & régulier, on parviendra à tirer avec le moindre effort, plusieurs sacs de bled attachés à la suite l'un de l'autre.

Comment le grain entre dans l'étuve.

Après qu'on a vuidé le grain sur la terrasse, on ouvre les trous, le grain s'y engloutit &

(a) Voyez ci-devant page 47.

tombe précisément sur le toît de la couverture de bois, où il se divise & se répand également sur les deux pentes. Alors il entre dans les fentes qui communiquent aux cassettes les plus élevées, & dans les ouvertures des huit canaux. A mesure qu'il y tombe & les remplit, le grain sort par les fentes laterales qui sont autant d'entrées dans les cassettes. Les bords & les traverses empêchent le grain de se répandre au déhors, & de se porter trop abondamment au-dedans, ainsi toute la machine se trouve également pleine; mais la derniere partie à se remplir, est la couverture dans laquelle les traverses font le même office que dans les cassettes pour empêcher l'engorgement du grain: de sorte que s'il y a sur la terrasse plus de grain que n'en peut contenir la machine, il n'en descendra pas pour cela plus qu'il n'en faut. Le grain surabondant restera sur la terrasse, tant que les six trous par lesquels il entre dans la machine seront remplis & qu'ils ne s'écouleront pas.

Capacité de l'étuve. La capacité de l'étuve selon les mesures que j'ai données, est de cent cinquante *Tumolo*, ou à-peu-près (*a*). Il est facile à chacun de calculer quelle est la capacité de quatre cent trente-huit pieds cubes, dont trois font un *Tumolo* à peu de chose près, cependant il seroit aisé de faire cette contenance plus grande; mais cela seroit inutile, parce qu'alors les parties du grain les

(*a*) Le *Tumolo* peut revenir à notre boisseau.

plus éloignées du feu ne s'étuveroient pas assez, ou bien elles s'étuveroient trop si le brasier étoit augmenté.

L'étuve étant pleine de grain, on met au milieu un grand réchaud de fer facile à se mouvoir par le moyen des roues sur lesquelles il est porté. On met dans ce réchaud, environ cinquante livres de charbon allumée, & on ferme la porte (*a*). On laisse brûler ce charbon pendant six ou sept heures au moins, & si l'étuve a été échauffée pendant ce tems, les grains suent & il s'évapore de leurs corps, une certaine humeur plus ou moins abondante selon leur différente nature.

Quantité du feu nécessaire.

Dans la quantité de grains que j'ai fais étuver, il s'en est trouvé d'humides & de tendres; il est arrivé quelquefois que cette humeur exprimée par la violence du feu ruisseloit par les fentes des planches & s'épanchoit jusqu'à terre. Le soupirail dans ce cas est utile, & il doit être ouvert pour ces sortes de grains.

Dans les premieres années de la construction des machines, j'avois coutume de ne pas sortir le grain de l'étuve qu'il ne fût bien sec, & qu'il ne croquât sous la dent. Je tenois pour principe, & je ne sais pourquoi, qu'il falloit lais-

Erreur de laisser sécher le grain dans l'étuve.

(*a*) Tout ce que je dis est selon l'usage de Ste Marie de Capouë; mais je suis persuadé qu'il y a des grains envers lesquels il faudroit changer ces régles. Ceux qui ont des talens & qui sont pénétrés de l'amour du bien public, feront d'eux-mêmes ce qu'il faut; je ne puis les guider en cela.

ser sécher le grain dans l'étuve après qu'il a sué.

Sur ce fondement, plusieurs espéces de grain sur-tout ceux qui étoient mouillés, restoient quelquefois huit ou neuf heures dans l'étuve, & même quatorze & seize heures; mais je me suis enfin apperçu de mon erreur, & je m'en suis corrigé. Je dirai dans le chapitre suivant les raisons qui me déterminerent à abandonner cette méthode, il me reste seulement à observer ici, que le grain par l'évaporation de son humidité naturelle, perd absolument au feu, cette humeur vitale & propagative, qui détermine en lui, la cause de sa génération & de sa fermentation.

En effet le feu agissant par dégré sur sa substance prolifique, mine & consume en elle, la cause de ce germe producteur; il en détruit par son activité les organes délicats, & conséquemment cette substance humide une fois dissipée & portée au-dehors, le grain ne peut plus l'imbiber ni l'aspirer de nouveau, & il est indifférent lorsqu'on veut retirer le grain de l'étuve, que le feu acheve d'ôter entiérement cette petite humidité qui lui reste à l'extérieur, ou que l'air l'enleve de dessus l'écorce ou la pellicule; bien loin d'être un mal, c'est même une épargne sur le tems & sur la peine, que de retirer le grain encore humide, après cinq ou six heures d'une chaleur violente.

Pour connoître particuliérement le dégré de chaleur suffisant pour retirer les grains de l'étuve, il faut observer en les sortant, qu'ils soient assez chauds pour qu'on n'en puisse supporter une poignée dans la main.

Tous les grains retirés, on les porte ensuite aux magasins, dont la structure nouvelle & commode les rend semblables à des grands coffres sans couvercles, tellement que dans un petit espace, il contient une grande quantité de grains qu'on peut fermer à la clef (*a*). Resserrés une fois dans ces magasins, ils ne sont plus assujettis aux pelles & aux cribles, ni à les sortir des magasins; en un mot, sans aucunes précautions, on les trouvera toujours frais, bien colorés, & même sains au bout de plusieurs années.

Il ne me reste plus qu'à parler des dépenses qu'occasionne cette opération. J'ai long-tems hésité si je devois en rendre compte au public, il me paroissoit minutieux d'entrer dans le détail d'une dépense dont la modicité est presque insensible. Ce même détail convenoit d'autant

(*a*) J'imaginai ces magasins en forme de caisse pour des grains de la pouille appellé *Sarragolles*. Ces grains sont si secs & si durs, qu'ils se conservent en bon état, quoiqu'amassés en monceaux très-considérables; mais il faut cependant qu'ils soient bien nettoyés, bien purs, & surtout éloignés de toute humidité. Ils se conservent très-bien sous terre dans des fossés à *Pianodiffoggia*, où le terrein plein de craie & de cailloux, ne permet point à l'humidité de pénétrer; mais dans les fosses des terroirs différens, ils sont endommagés. Aussi l'usage de mes magasins a-t-il commencé à s'accréditer dans le pays d'Anoli, & il s'est ensuite répandu dans toute la Pouille, où plusieurs riches Cultivateurs l'ont pratiqué. Il est des greniers longs de cinquante pieds, larges & hauts de vingt, qui contiennent jusqu'à quatre mille boisseaux dans une seule masse.

moins dans cette circonſtance, que les frais; fuſſent-ils encore plus grands qu'ils ne le ſont, ne ſeroient rien en comparaiſon des avantages qu'on retire de cette machine. Je me ſuis cependant déterminé à ſatisfaire en cela le Lecteur, pour ne lui laiſſer rien à déſirer.

Je dirai donc que quand on eſt preſſé, l'on peut faire quatre fournées par jour; mais ſi l'on veut opérer à ſon aiſe, il faut ſe contenter de trois, parce que le tems limité qu'on emploie pour chaque fournée, (qui eſt de ſix heures,) eſt plus que ſuffiſant.

Pendant les trois premieres heures, on s'apprête à étendre le grain ſur la terraſſe pour la fournée ſuivante, & dans l'intervalle de temps le grain qui ſort des trappes, ſe refroidit ſur la terre, alors il n'eſt plus aſſez brûlant pour qu'on ne puiſſe le manier. Il ſe trouve en état d'être reporté au magaſin. Quatre hommes font aiſément ce travail, comme je l'ai nombre de fois éprouvé, trois mêmes ſuffiroient; ainſi dans un jour, quatre hommes étuvent & purifient trois cent ſoixante boiſſeaux de grains. Si l'on veut économiſer, on peut les contenter avec trois *Carolus* (*a*), ou trois & demi; avec quatre ils ſeront payés très-graſſement. C'eſt ſeize Carolus pour les quatre hommes, & quatre ou cinq au plus

(*a*) Monnoye hors d'uſage, qui valoit 10 deniers. Elle étoit marquée d'un X, parce qu'elle fut fabriquée du tems de Charles IX Roi de France. Il y a eu auſſi des pieces d'or d'Angleterre, valant 13 livres 15 ſols, qu'on appelloit *Carolus*.

qu'il en peut coûter pour le feu, pour achever cette opération ; on purifie donc une quantité de grains pour un peu plus d'un tournois, & ce n'est pas, pour ainsi dire, un demi grain par boisseau.

Si l'on veut ajouter à cet article, la dépense faite pour la construction de l'étuve, je déclare que cet édifice m'est revenu après un compte exact, à 147 ducats, ce qui ne peut être mis en parallele avec le produit réel qui doit résulter de six ou sept mille boisseaux de grains échauffés par an.

Il faut convenir que si l'opération d'étuver diminuoit la bonté du grain ou son poids, cette perte seroit très-préjudiciable, & l'on seroit en droit de se plaindre ; mais bien loin d'y rencontrer ces inconvéniens, il est de notoriété publique & nombre d'expériences l'ont confirmé, que l'étuve augmente la qualité & le poids du grain ; outre cela cette opération anéantit totalement le germe de sa corruption en le privant de son humidité naturelle.

Conclusion du chapitre.

Au reste, pour résumer en peu de mots tout ce que j'ai dit ci-devant, le Lecteur doit être entiérement assuré que le problême de la conservation des grains est parfaitement résolu. Pour parvenir à cette solution, il falloit que le reméde fût vrai, sûr & adaptable à toute qualité de grain, & que son application n'eût pas besoin d'être réitérée. Tel est le secret de l'étuve.

Il falloit que ce secret fût proportionné à la capacité des gens de campagne. Or, qu'exige-t-on d'eux ? de monter des sacs de grain sur une tourelle haute de vingt-quatre pieds, de les y étendre à propos, de lever au bout de six heures, trois petites trapes pour en laisser sortir le grain & de le ramasser ensuite à terre ? Personne ne disconviendra que ces opérations n'ont rien qui surpassent leur portée.

D'ailleurs cette méthode n'exige pas tant de précision qu'on ne puisse se tromper de quelques livres de charbon ou de quelques heures. Il suffit seulement pour opérer avec fruit, que le grain reste au moins cinq heures dans l'étuve. S'il y demeuroit même plus long-tems, il n'en résulteroit aucun mal. L'expérience que j'ai faite en le laissant étuver pres de deux jours sans avoir été endommagé, doit rassurer contre tous les dangers de semblables méprises ; enfin cette machine doit causer peu de dépense.

J'ai fait voir ici à combien elle se réduit. Ce qui me flatte le plus, c'est d'avoir reconnu qu'elle augmente le poids & la bonté du grain, & que si par cette découverte, j'ai mérité le suffrage & la confiance du Public, mes peines ne sont pas restées infructueuses.

CHAPITRE IV.

Histoire de l'étuve à grains, depuis 1728 jusqu'à 1753.

LES différens jugemens qui furent portés dans la ville de Naples sur l'invention de l'étuve à grains, en accréditerent l'utilité. Plusieurs personnes de considération conçurent le projet d'en faire construire une sur le modele de celle de Sainte Marie de Capoüe. La conservation des grains paroissant un objet important au bien public, on ne tarda pas à multiplier les étuves, & l'on en fit élever une dans la place de la *fosse aux grains*, semblable à la mienne. Dès-lors le Public fut à portée de faire ses observations sur l'utilité de cette machine; mais les Epilogueurs ayant par la suite, fait naître plusieurs contradictions sur son invention, & les opinions se trouvant partagées sur son efficacité, j'ai cru devoir rapporter ici avec ma franchise ordinaire, les causes qui donnerent lieu aux raisonnemens de mes improbateurs. Le récit succinct que je vais faire de leurs contradictions, mettra les gens sensés en état de juger sur leur peu de solidité.

En 1733 le Comte Louis d'Harrach, Vice-Roi de Naples pour l'Empereur Charles VI, étant pour lors à Naples, entendit parler avec éloge par un gentilhomme Napolitain, de l'étuve à grain que j'avois fait élever à Sainte-Marie de Capouë. Ce Vice-Roi ayant senti toute l'importance d'une pareille invention, & l'avantage qui en résulteroit pour le public, il en conféra avec le Magistrat chargé des approvisionnemens de grains, qui en reconnut de même, toute l'utilité. Il députa plusieurs personnes distinguées & d'une intelligence reconnue, pour vérifier par elles-mêmes avec exactitude, l'étuve à grains de Sainte-Marie de Capouë, & pour lever un plan exact & circonstancié de ses proportions, dans le cas où les grains qui auroient été étuvés par le moyen de cette machine, se trouveroient au bout de quelque tems, sains, dans un état d'intégrité, & sans aucune marque de corruption.

Ces Députés se rendirent à Sainte-Marie de Capouë (qui n'est éloignée de Naples que de deux lieues), & ayant observé l'étuve avec une attention scrupuleuse, ils en firent leur rapport au Magistrat.

Ce rapport contenoit en substance, que cette étuve avoit une apparence très-simple, & formoit une chambre quarrée; que le magasin où étoient renfermés les grains étuvés, formoit un vaste coffre de bois sans couvercle, dont la capacité contenoit quarante-une palmes en longueur sur dix-sept de largeur, & presque la hauteur de trente; que les grains qui y étoient amoncelés, surpassoient la hauteur de vingt palmes, & que ce magasin contenoit la quantité de quatre mille boisseaux de bleds recueillis les deux dernieres années 1731 & 1732. Ils attesterent encore que ce tas n'étoit composé que de la plus chetive eſpéce de grains, de ceux les plus ſujets à corruption ; que les ayant trouvés renfermés dans un endroit bas & humide qui devoit néceſſairement exciter en eux la fermentation & attirer les inſectes ; ils avoient été dans la derniere ſurpriſe en n'y remarquant aucune altération. Enfin ces Députés affirmerent d'après une infinité de témoins, que ces grains n'avoient été depuis long-tems changés, ni remués ; qu'ils avoient eux-mêmes été préſents à l'eſſai qui en avoit été fait avec l'inſtrument que l'on appelle *coupe* en pluſieurs pays, & que les grains éprouvés en différents endroits, s'étoient trouvés partout ſains, frais, & d'une belle couleur.

Ce rapport détermina le Magiſtrat de Naples à faire conſtruire une étuve dans la Place que l'on nomme *la foſſe aux grains*, ſur le modèle de celle de Sainte-Marie de Capouë ; mais il lui parut convenable de la rendre plus ſpacieuſe, & d'en aggrandir les proportions. En conſéquence on conſtruiſit l'étuve du double plus grande que celle de Capouë, & ſa capacité fut environ de la contenance de deux mille trois cents boiſſeaux.

Les proportions n'ayant point été exactement obſervées dans cette étuve, il s'en ſuivit néceſſairement un défaut eſſentiel dans l'exécution & dans l'opération d'étuver les grains. On introduiſit dans cette nouvelle étuve, ſept mille boiſſeaux de différentes eſpéces de grains ; mais on s'apperçut après l'opération, que la cuiſſon des grains n'avoit pas été égale. Les uns ſe trouverent trop brûlés & deſſéchés, & les autres parurent frais & dans leur état ordinaire. Cette épreuve n'empêcha pas cependant le Magiſtrat, d'employer ces grains étuvés, & il en fit faire du pain qu'il ne fut pas poſſible de diſtinguer au goût, de celui qui provenoit des grains non étuvés.

Cette épreuve fut réitéré pluſieurs fois ſous les yeux du public ; mais la cuiſſon des grains ayant toujours été imparfaite ; elle donna lieu aux craintes & aux inquiétudes : pluſieurs perſonnes prévenues contre cette nouveauté, augmenterent par de mauvais raiſonnemens, les terreurs populaires, & exciterent des plaintes & des cris pour ſoulever le Magiſtrat contre cette invention. On ſe réduiſoit cependant à dire que les grains, à la ſortie de l'étuve ; étoient brûlés ou calcinés, & que le pain qui en provenoit, ſe diſtinguoit par une amertume inſupportable.

Ces allarmes réveillerent l'attention du Magiſtrat, & il fit faire de nouveau une épreuve, différente de la premiere, pour s'aſſurer plus parfaitement de la bonté & de l'efficacité des grains étuvés. Cette épreuve conſiſtoit à faire étuver ſix cens boiſſeaux, & à les dépoſer enſuite dans un endroit humide & renfermé, afin de connoître par-là plus parfaitement après un certain tems, la nature de ces grains étuvés, & s'aſſurer par cette épreuve, de leur incorruptibilité, ou ſe convaincre par lui-même, de leur diſpoſition à la fermentation & à la naiſſance des inſectes.

Ces grains reſterent pendant plus de deux mois ſains, & ſans aucune marque ſenſible de fermentation dans l'endroit qu'on avoit choiſi exprès pour cette épreuve ; mais ce tems expiré, ils commencerent à s'échauffer en pluſieurs endroits & à ſe gâter. On fit plus encore ; on planta pluſieurs

ſieurs grains, après un certain tems, ils germerent & ſortirent de terre.

Ces différens accidens ayant donné lieu à décréditer l'étuve, chacun ſe crut en droit de la condamner ſans en connoître le méchaniſme & la diſpoſition. Pluſieurs prétendirent même qu'il étoit impoſſible d'y conſerver les grains, & ils allerent juſqu'à ſoutenir qu'il en coûteroit beaucoup moins en les faiſant manœuvrer à l'ordinaire.

Les eſprits étoient trop échauffés pour pouvoir les ramener alors à de ſages obſervations. Il eût été facile, ſi on eût voulu s'entendre, de réparer les accidens cauſés par la forme de cette étuve; mais il n'étoit point tems alors de faire connoître l'origine de l'imperfection de la cuiſſon des ſept mille boiſſeaux, & il n'auroit pas moins été déplacé que j'euſſe demandé que les ſix cens boiſſeaux récemment étuvés, mais trop légérement, reçuſſent une nouvelle cuiſſon, plus active que la précédente, pour donner à ces grains toute la perfection qu'ils devoient avoir, & qu'on en eſpéroit.

Si l'on daigne en effet faire attention que l'étuve conſtruite à Naples, différoit de moitié en grandeur de celle élevée à Capouë; que cette différence exigeoit une proportion reſpective dans toutes les parties de cet édifice, relativement à ſa grandeur & à ſa capacité, il ſera aiſé de ſe convaincre que l'irrégularité & le défaut de proportion dans cette vaſte machine, a dû opérer néceſſairement, une altération ſenſible dans les réſultats.

Cette vérité une fois reconnue, pour remédier aux vices de l'étuve de Naples, il suffisoit seulement de la rendre en tout semblable à celle de Capouë, en diminuant la largeur des canaux d'immission & d'émission, en retrécissant les ouvertures des caisses, & en abaissant les soutiens. Par ce moyen il résultoit qu'en donnant par-tout moins de profondeur au grain, & la superficie restant toujours la même, l'action du feu auroit agi avec plus de vivacité, & éteint entiérement la vertu prolifique du grain en le cuisant également.

Malgré toutes ces raisons, les imputations & les préjugés prévalurent sur l'utilité & l'importance de cet édifice, & les écrits qui ont paru depuis pour la combattre ou pour la soutenir, n'ont servi qu'à déguiser la vérité, en avançant des faits faux ou hazardés. Ces écrits ont donné lieu à faire triompher les ennemis de cette machine; mais ils n'ont pu nuire au mérite réel de l'invention. Chaque année elle a rendu les mêmes services à son Auteur, en préservant ses grains de toute corruption & d'insectes, & en lui épargnant des frais considérables.

Ce qui peut démontrer évidemment l'excellence de cette machine, & détruire toutes les objections qu'on a eu à combattre, c'est l'approbation qui lui a été donnée dans un Royaume encore plus florissant que celui de Naples. La gloire qu'elle a acquise à son Auteur, mérite qu'on entre ici dans quelques détails pour la venger de toutes les contradictions & des empêchemens qu'elle a essuyé de la part de quelques particuliers Napolitains.

En 1750 M. Marechal (*a*), homme d'un très-grand mérite, fut appellé à Rome par le Pape Benoît XIV, pour examiner les ports de l'Etat Ecclésiastique, situés sur la Méditerranée. Il apprit par le Cardinal *Corsini*, que dans la plûpart de ses Terres on se servoit depuis plusieurs années d'un moyen aussi simple que facile, pour conserver les grains en les étuvant dans une machine construite en bois. Ce discours ayant excité la curiosité de M. Marechal, il entra dans de plus grands détails sur cette invention avec le *Pere Orlandy*, Procureur Général des Célestins, qui le satisfit pleinement. Ce Pere avoit été depuis long-tems informé de mon étuve, & il avoit desiré non seulement que je lui en fisse une exacte description, mais même encore, un modèle qui pût le mettre parfaitement au fait de ce travail. Par ce moyen le Pere *Orlandy* fut à portée de donner une explication satisfaisante à M. Maréchal.

M. Maréchal ne tarda pas d'en faire part au Roi, son Maître, qui en fit élever une dans ses Etats sur le modèle qu'il lui en présenta. Quelque tems après je reçus la copie d'une Lettre que M. Maréchal avoit écrite à M. de Troy, Préfet de l'Académie Françoise à Rome. Elle contenoit en substance : » Que l'étuve avoit été accueillie, » & qu'elle avoit eû le plus grand succès dans » ces climats. Il finissoit par faire quelques ob-

---

(*a*) C'est ce Monsieur qui a instruit M. Duhamel de l'étuve d'Italie. Voyez page 33 précédente.

» servations sur l'humidité des grains ultramon-
» tains, & sur la perfection qu'il avoit donnée à
» l'étuve, en y ajoutant un soupirail & son bou-
» chon, qui avoient été oubliés dans le modèle.
» Enfin il desiroit que je pusse parvenir à trou-
» ver un dégré exact & précis pour la cuisson
» des grains, & il finissoit par demander s'il
» n'étoit pas nécessaire qu'à la sortie de l'étuve,
» ils fussent croquants sous la dent «.

Ces difficultés m'ont déterminé à y répondre, j'ai écrit à M. de Troy qu'il étoit en effet convenable de faire à l'étuve, un soupirail avec son bouchon, mais que l'humidité des grains qui s'exhale de l'étuve, ne permettoit pas qu'on l'ouvrît souvent, attendu qu'elle pouvoit étouffer, ou du moins amortir la vivacité du feu, & que cette humidité même étoit essentielle pour la cuisson des grains, & servoit à extirper en eux, le principe de leur fermentation & le germe des insectes.

A l'égard du second objet de la Lettre de M. Maréchal sur le dégré de la cuisson des grains, je lui marquai que j'avois reconnu par de nouvelles expériences, qu'il ne falloit donner à l'étuve qu'un dégré de chaleur, approchant de celui d'un four d'où l'on vient de tirer le pain, & que l'humidité exhalée du grain, suffisoit pour lui ôter toute fermentation, & étouffer les œufs des insectes qui pouvoient s'y rencontrer, que par conséquent rien n'exigeoit que le grain fût croquant sous la dent, en le retirant de l'étuve.

Ces obſervations ont été envoyées depuis à M. Maréchal, & il en a reconnu toute la ſolidité. J'ajouterai ici pour la ſatisfaction du Lecteur, qu'il peut voir dans le chapitre ſuivant, les nouvelles expériences que j'ai faites pour obvier à toutes les difficultés qui m'ont été propoſées ; elles pourront lui donner une idée juſte de mes opérations, & elles ſerviront du moins, à lui faire connoître mon zéle pour l'utilité publique.

CHAPITRE V.

JE me propoſe dans ce Chapitre de réſumer toutes les expériences que j'ai faites ſur les grains, & qui ont été déja déſignées en pluſieurs endroits de cet ouvrage. J'exhorte mes Lecteurs à les vérifier & à n'en croire qu'eux, ſur une matiere auſſi importante, ces expériences ſont à la portée de tout le monde, & leur ſimplicité doit engager à les examiner & à les étendre encore davantage, s'il eſt poſſible, en y portant le flambeau de la raiſon.

La premiere expérience que je me ſuis propoſée, conſiſte dans la différence qui ſe remarque entre les grains étuvés & ceux qui ne le ſont pas. Cette différence s'apperçoit en ſemant les premiers dans la terre, & en les cultivant avec ſoin. Tout l'art qu'on y peut employer pour les faire fructifier, devient inutile, & loin de croître, ils s'y pouriſſent plutôt. On peut de-là conclure que l'action du feu par laquelle les grains ont paſſé, détruit entiérement en eux, le principe de leur accroiſſement, & les prive de cette humeur prolifique, que la chaleur & l'humidité font fermenter dans le ſein de la terre.

Cette expérience répétée m'a paru ſuffiſante pour être perſuadé entiérement de l'efficacité des grains étuvés. J'avois penſé d'abord à me servir d'un Thermomètre pour pouvoir fixer le dégré de chaleur convenable à cette opération ; mais plusieurs raisons m'en empêcherent.

En premier lieu, la différence qui se trouve dans les grains, non seulement par celle des divers climats, mais encore par celle qui se rencontre en plusieurs années, dans les mêmes pays. Cette réflexion me fit sentir combien il seroit difficile de saisir les divers dégrés de chaleur, propres à chaque sorte de grains, en raison de leur humidité & de leur qualité.

En second lieu, j'ai prévu la négligence des gens de la campagne, & il m'a parû plus convenable de mettre cette expérience à leur portée, & de parler à leurs sens, plutôt qu'à leur intelligence.

En troisieme lieu, j'ai jugé qu'il n'étoit pas nécessaire de déterminer un dégré de chaleur bien précis, mais qu'il suffisoit seulement pour bien étuver les grains, de régler la chaleur de l'étuve sur celle d'un four lorsqu'on en a retiré le pain. D'ailleurs il sera aisé de s'assurer de la cuisson parfaite de ces grains, en en semant quelques-uns dans la terre, & en les y laissant l'espace de sept ou huit jours. Ce tems expiré, s'ils viennent à germer, il faut donner un nouveau dégré d'activité à la chaleur de l'étuve. Cette expérience suffira pour lever toutes les difficultés sur la cuisson des grains.

Le grain passé à l'étuve a un second avantage sur celui qui ne l'est pas, c'est de ne point produire d'insectes, ni de papillons d'aucune sorte. J'en ai dit la cause ci-devant ; c'est parce que les œufs sont cuits, & que les grains étuvés ne donnent plus de prise à la morsure des insectes. Quoique je ne sois pas absolument certain de ce dernier avantage, & que je n'ai pû réitérer souvent cette remarque, faute d'insectes, cependant j'en ai quelquefois semé exprès sur mon grain desséché, & jamais ils ne s'y sont établis, ni multipliés : on les a vu prendre leur vol pour un séjour étranger.

Il est aisé d'expliquer d'où vient cette aversion des charansons pour le grain desséché. Une raison naturelle porte à croire qu'ils n'y trouvent pas leur compte. En effet, l'écorce de ce grain durcit en se desséchant, & la dent de l'insecte ne peut plus la percer. Il n'en est pas de même des charansons qui se forment dans l'intérieur des grains non étuvés ; ceux-ci se nourrissent de la fleur de la farine ; & quand ils sont devenus plus gros, ils percent l'écorce du grain & sortent en papillon, alors ils s'alimentent des grains à demi rongés, & achevent de les consommer. Mais ils n'ont presque aucune prise sur un grain dur, sec & sain de tous côtés, & quand même ils pourroient ronger quelques grains sortis de l'étuve, la totalité du grain desséché seroit toujours conservé, attendu qu'on l'enferme dans des caisses profondes, qu'il reste peu de vuide dans ces caisses, & que le charanson, comme les anciens l'ont très-bien remarqué (*a*), ne

---

(*a*) On a cité ci-devant au Chapitre I, page 16. Columelle, Palladio & Pline, qui attestent que les charansons ne naissent point au-dessous de quatre doigts, Varron, l. 1, ch. 57, page 222, dit aussi : *Quo enim spiritus non pervenit, ubi non oritur Curculio.*

s'enfonce pas plus de deux ou de trois doigts dans le grain.

La troisiéme qualité qui distingue le bled passé à l'étuve, de celui qui ne l'est pas ; c'est que son poids & son volume augmentent à la sortie de l'étuve, & comme cet avantage est le plus important, c'est aussi celui sur lequel j'ai fait le plus d'expériences. On pensera peut-être que l'humidité devant gonfler le grain, le dessécher par l'étuve, ce seroit contribuer à son rabougrissement, il est à la vérité plus léger & plus petit en le retirant de l'étuve ; mais au bout de quelques mois, sans qu'on l'humecte, l'air lui donne tant d'humidité, qu'il se rétablit dans son premier état, & que son volume augmente considérablement.

Son poids augmente de près de 7 pour cent.

Je m'étois apperçû de cette augmentation dans mes premieres expériences, & elle fut attestée en 1733 par un certificat des Universités de *Baselice*, qui affirme que quatre cens quatre-vingt huit boisseaux qu'on avoit passés à l'étuve, en avoient produit au bout de quelques mois quatre cent quatre-vingt-dix (*a*). Mais pour m'assurer plus particuliérement du fait, je m'y pris de cette maniere.

(*a*) Cette attestation fut donnée pour être présentée à MM. les Députés *de l'Elmona*, dans le fort des disputes sur l'érection de l'étuve ; il y est dit que le Maître de Baselice avoit acheté à la récolte de 1732, 488 boisseaux de bled, lesquels ayant été déposés après avoir été étuvés dans un magasin, plutôt humide que sec, se sont trouvés bien conservés ; & qu'ils étoient encore en bon état, sans aucune diminution ou altéra-

Experience sur l'augmentation du poids.

En 1749 je fis faire une espéce de boëte quarrée de carton, chaque côté étoit exactement de trois pouces, ainsi elle contenoit vingt-sept pouces cubes de grain, & elle formoit la soixante-quatrieme partie d'un pied cube; or, le boisseau de Naples étant de trois pieds cubes de grain, cent quatre-vingt-douze mesures comme la mienne, équivaloient à un boisseau. Je mesurai vingt-cinq de ces mesures que je mis dans un four, d'où le grain étoit tiré, & je les y laissai plus de quatre heures. La chaleur que supporta le grain, fut plus grande que celle de l'étuve. En le retirant je le mesurai, il ne formoit plus que vingt-trois mesures $\frac{1}{5}$. On sent combien la chaleur du four l'avoit diminué en le desséchant. Je suspendis ensuite ce grain au plancher, dans un lieu sec & chaud. Le 22 Avril je le mesurai de nouveau, il formoit près de vingt-quatre mesures; le 26 il en formoit 24 $\frac{1}{9}$. Le 18 Mai la journée ayant été pluvieuse, il se trouva à 25 $\frac{1}{7}$. quoiqu'il eût resté à couvert. Le 21 Mai il descendit à 25 $\frac{1}{3}$. Le 10 Juin le tems étant humide, il monta à 23 $\frac{2}{3}$. Le 5 Avril 1750, il étoit à 26 $\frac{3}{4}$. Je ne l'ai pas mesuré depuis.

La densité spécifique: c'est-à-dire le poids, fut toujours la même, elle ne varia que d'un huitieme d'once dans chacune de ces mesures

---

tion. Outre ce fait, au mois de Mars passé, quand *M. Joseph de Cillo*, ci-devant Intendant, les remit au sieur François-Antoine de Muibus, actuellement Agent, on trouva que lesdits 488 boisseaux, en formoient 490. Ce qui étoit pour le public un gain de deux boisseaux.

cubiques, qui pesoient séparément 9 onces (*a*).

J'ai fait en différens tems plusieurs autres expériences semblables sur différentes sortes de grains, pour ne pas ennuyer le Lecteur, j'en ai mis le journal dans la note ci-dessous (*b*). Les vérités que j'en ai tirées, se réduisent à dire

Résultat des expériences.

(*a*) Au reste, celui qui voudra faire l'épreuve de l'augmentation ou de l'accroissement du grain, doit le prendre parfaitement net & vanné; c'est-à-dire, qu'il doit le purger de toute paille, terre, poudre dont il est ordinairement mêlé. Parce que ces impuretés étant ordinairement enlevées par l'étuve, on ne pourroit pas connoître au juste, l'effet de cette augmentation.

(b) PREMIERE EXPÉRIENCE, *faite sur du grain de mauvaise qualité, acheté au marché de* Castella-mare *en* 1762.

Le 30 Août je pris 25 mesures cubiques de grains, chaque surface de mesures avoit trois pouces Napolitains, chaque mesure pesoit 8 onces $\frac{5}{8}$. Ce grain fut enfourné pendant 2 heures 50 minutes. Je le mesurai au sortir du four, il se trouva 23 mesures $\frac{1}{3}$, le poids de chacune étoit le même.

Le 2 Septembre je trouvai 23 mesures $\frac{1}{2}$, le poids de 8 onces $\frac{3}{4}$.

Le 16 dudit, il formoit 24 mesures, poids 8 onces $\frac{3}{4}$.

Le 2 Octobre le tems étant humide, il formoit 24 mesures $\frac{3}{8}$. Le 8 dudit, 24 mesures $\frac{8}{9}$.

Le 7 Novembre, 24 mesures $\frac{10}{11}$, poids 8 onces $\frac{7}{8}$.

Le 9 Décembre, 24 mesures $\frac{10}{11}$, poids 8 onces $\frac{7}{8}$.

Le 1 Janvier 1763, 25 mesures $\frac{1}{3}$, poids 8 onces $\frac{3}{4}$.

Le 4 Avril, 25 mesures $\frac{1}{14}$, poids 8 onces $\frac{3}{8}$.

La mauvaise qualité du grain empêcha qu'il n'augmentât autant qu'à l'ordinaire, cependant si j'eusse conque tous les grains au sortir de l'étuve, paroissent être diminués de volume ; mais que pour ce qui est du poids, on n'y voit point de diminution, & même on trouve plutôt de l'augmentation.

Quand on les a exposés à l'air, au bout de quelques jours ces grains commencent à grossir,

---

tinué plus long-tems de l'observer & de le mesurer, il se seroit trouvé à la longue, d'un volume & d'un poids un peu plus considérable.

DEUXIEME EXPÉRIENCE, sur du grain recueilli dans le Territoire de Vico *en* 1753.

Le 18 Août je pris 25 de mes mesures ordinaires de grain, chacune pesoit 8 onces ½ & un peu plus. Je les mis dans le four pendant 3 heures ¼. Au sortir du four elle ne formoit que 24 mesures, poids 8 onces ⅛.

Le 23 Septembre le grain formoit 24 mesures ½, poids 8 onces ⅛.

Le 28 Octobre 24 mesures ¾ le même poids.

Le 14 Décembre 25 mesures ⅓, poids 8 onces ½.

Le 20 Février 1754, je trouvai 25 mesures ½, poids 8 onces ½. Le tems étant très-sec.

TROISIEME EXPÉRIENCE sur le même grain.

Le 26 Septembre 1753, je pris les 25 mesures ordinaires de grain, chacune pesoit 8 onces, & elles furent mises dans le four pendant 3 heures ¼.

Au sortir du four il y avoit 24 mesures ½, poids 8 onces ½.

Le 11 Novembre 25 mesures 1/14, le même poids.

Le 19 Décembre, 25 mesures ½, poids 8 onces ½ au plus.

Le 26 dudit, 26 mesures au plus, poids 8 onces ½ au plus.

& ils se rétablissent dans leur premier état. Après quoi leur densité ou leur poids augmente, les uns plus, les autres moins, & au bout de quelques mois, ils forment un accroissement qui est entre 3 & 7 pour cent. Le poids du grain augmente peu après qu'il est parvenu à ce dégré, & il reste

---

Le 20 Février 1754, le tems étant très-sec; & le vent de Tramontane fort, j'ai trouvé 25 mesures $\frac{3}{4}$, poids 8 onces $\frac{1}{8}$.

QUATRIEME EXPERIENCE sur le même grain.

Le 12 Novembre 1753, ayant mis les 25 mesures ordinaires dans le four, & les ayant retirés au bout de 2 heures $\frac{1}{2}$, je trouvai 24 mesures $\frac{1}{4}$, le même poids qu'avant l'enfournement. Le 19 elles étoient montées à 25 mesures $\frac{1}{4}$.

Le 20 Février 1754, 25 mesures $\frac{2}{3}$, le tems étant trés-sec.

CINQUIEME EXPERIENCE, de grains de la Terre de Lavoro, *du lieu nommé* Imayoni, *recueillis en* 1753, *& mouillés après avoir été chauffés.*

Le 7 Septembre 1753, j'enfournai 25 desdites mesures cubes, elles resterent au four 4 heures, ensuite je les mouillai avec deux de ces mesures dans une de 3 pouces de large, qui fait précisement la caraffe Napolitaine.

Le 23 elles formerent 26 mesures $\frac{1}{2}$, poids 8 onces $\frac{5}{8}$.

Le 17 Octobre il se trouva 25 mesures $\frac{8}{9}$, poids 8 onces $\frac{1}{2}$.

Le 11 Novembre, 26 mesures $\frac{1}{4}$, le même poids.

Le 20 Février 1754, le tems ayant été très-sec pendant plusieurs jours, il se trouva 26 mesures $\frac{1}{2}$, poids 8 onces $\frac{1}{8}$.

même à ce point. Toute la différence qui peut se rencontrer ne peut provenir que de celle des bons grains, qui augmentent en pesanteur bien plus que les mauvais. Il y a encore d'autres petites variétés qu'on apperçoit dans le volume, & le poids, qui proviennent sans doute des va-

---

SIXIEME EXPERIENCE, faite sur le grain acheté à Castella-mare, *mouillé avant que de l'enfourner.*

Le 30 Août 1752, on prit 25 des mêmes mesures de grain, chacune pesoit 8 onces $\frac{7}{8}$. On les mouilla abondamment, ensuite on les tint dans le four près de 3 heures. Après quoi elles se trouverent former 26 mesures $\frac{1}{3}$.

Le lendemain elles formerent 26 mesures au plus, poids 8 onces $\frac{1}{2}$.

Le 28 Septembre 25 mesures $\frac{1}{2}$.

Le 2 Octobre tems humide & pluvieux, 25 mesures $\frac{2}{3}$.

Le 8 dudit 25 mesures $\frac{8}{9}$.

Le 25 Décembre 26 mesures au plus.

Le 8 Janvier 1753, il se trouva 26 mesures $\frac{1}{13}$. Le poids fut pendant ce tems de 8 onces $\frac{1}{2}$.

SEPTIEME EXPERIENCE, sur du grain acheté à Castella-mare, *mouillé avant que d'être passé à l'étuve.*

Le 4 Septembre furent prises 25 mesures cubes de 3 pouces de large, pleines de grains. Chaque mesure pesoit 8 onces $\frac{7}{8}$ Elles furent abondamment mouillées, ensuite mises au four pendant quatre heures $\frac{1}{2}$; au sortir du four, le grain étoit fort humide & chaud, il se trouva 21 mesures $\frac{1}{2}$, le poids étoit de 8 onces.

Le 5 dudit le grain étant bien sec, il se trouva 26 mesures $\frac{2}{3}$, poids 8 onces.

Le 16 dudit 26 mesures $\frac{1}{3}$, poids 8 onces $\frac{1}{4}$.

Le 20 dudit 25 mesures $\frac{2}{3}$, poids 8 onces $\frac{1}{4}$.

riations de l'air. Dans les tems froids & secs, les grains sont plus secs & la mesure plus petite. Dans les jours pluvieux & humides, c'est tout le contraire. Pour m'assurer davantage de ces variations, j'ai mouillé le bled avant que de le mettre au four, & je l'ai mouillé après l'en avoir retiré; dans ces deux différentes expériences, j'ai vû un accroissement plus considérable que s'il n'avoit pas été mouillé. Au reste, en quelque façon qu'il soit, même sans être mouillé, le grain augmente considérablement en sortant du four. J'ai reconnu ce fait par le grain que j'ai tenu suspendu au plafond de ma chambre : c'est-à-dire dans un lieu chaud, éventé & sec, ainsi le gonflement du grain ne provient point absolument de l'eau versée dessus; mais ces grains grossissent par le secours de l'air après qu'ils ont été bien étuvés. On apperçoit tout le contraire dans ceux qui ne le sont pas, & personne n'ignore que le grain éventé ou qu'on crible & qu'on remue avec la pelle, n'augmente point, mais qu'il diminue.

Le 2 Octobre après une pluye très-abondante, il se trouva 25 mesures $\frac{1}{2}$, le même poids.

Le 8 dudit 26 mesures au plus, poids 8 onces $\frac{3}{8}$.

Ayant continué de peser ce grain plusieurs fois depuis jusqu'au 20 Décembre, le poids se trouva presque toujours le même, avec de très-petites variations dans les mesures.

Le 20 Décembre il se trouva 26 mesures, poids 8 onces $\frac{3}{8}$.

Le 1 Janvier 1753, 26 mesures $\frac{1}{3}$, le même poids.

Le 4 Avril, après une pluye considérable, il se trouva 26 mesures $\frac{1}{4}$, poids 8 onces $\frac{1}{2}$ au plus.

Perfection du grain passé à l'étuve.

L'accroissement du grain n'est pas le seul avantage que procure l'étuve, ce grain a encore celui de devenir meilleur à beaucoup d'égards. Il est surtout plus propre à la moutûre que le grain humide & mouillé, qui se pétrit & forme une pâte sous la meule, & par conséquent ne donne qu'une farine grossiere; outre cela, il reçoit mieux l'infusion de l'eau (*a*). Opération défendue, il est vrai, par nos Ordonnances, & qu'on regarde comme une fraude pernicieuse au grain; mais on ose le dire, elle n'est pas si blâmable, quand elle est faite avec intelligence, sans dessein de frauder & pour rendre la farine plus blanche.

C'est une vérité reconnue que quand on mouille le grain pour le moudre, l'écorce se sépare mieux de la farine, qui en devient plus blanche. C'est un usage chez tous les peuples policés, d'humecter le grain avant que de le moudre, afin que le pain en soit plus blanc & plus parfait.

Enfin le grand avantage de l'étuve est aidée par l'humidité même, comme je l'ai dit au Chapitre précédent. Il est arrivé depuis, que les grains passés à l'étuve, quand ils ont été connus du peuple, ont été plus estimés que les autres. L'usage qu'on en a fait par-tout, leur a fait donner la préférence, & ils ont été achetés un *Carolus* de plus par boisseau.

(a) *Note des Traducteurs*. On est en usage en Languedoc & dans d'autres Provinces méridionales, de laver le bled avant que de le faire moudre.

Cette

Cette prédilection du peuple vaut plus en faveur de l'étuve, que les plus forts arguments. En voilà, je crois, aſſez de dit ſur ſon utilité.

Expérience ſur l'activité du feu à pénétrer les couches de grain.

Les difficultés propoſées par M. Maréchal, ſur différents objets concernant l'opération de l'étuve, m'ont paru aſſez eſſentielles pour mériter d'être levées. Pour y parvenir, j'avois deux choſes à rechercher, premiérement à quelle hauteur pouvoient monter les couches de grain; en ſecond lieu, ſi l'humidité nuiſoit à l'opération de l'étuve. A l'égard du premier article, voici mon expérience:

Je fis faire une boëte de forme cubique, dont chaque ſurface étoit de huit pouces, c'eſt-à-dire, de deux tiers du palme ou pied Napolitain, qui répondent aux ſix pouces, ou au demi pied de Paris. Ma boëte étoit de planches fort minces, je mis dedans du grain très-ſec, paſſé à l'étuve. Il y avoit au milieu de la boëte un œuf cru, & à côté quelques grains de bled non étuvés, enveloppés d'un crêpe, ou d'une gaze très-fine, pour qu'ils ne ſe mêlaſſent pas avec les autres. La caſſette ainſi préparée, fut introduite dans le four pendant que le pain cuiſoit. Elle y reſta encore une heure après que le pain fut tiré. J'ignore à quel dégré du Thermomètre d'eau bouillante de M. de Reaumur, cette chaleur correſpond; mais je ſais que c'eſt le plus haut dégré de chaleur auquel on puiſſe expoſer le bois ſans le brûler. En effet, les planches de la caſſette commençoient à s'endommager, & le grain de la ſuperficie étoit noir & preſque rôti; cependant l'œuf caché au milieu de la caſſette ne ſe cuiſoit point, il ne ſouffrit pas plus de changement que s'il n'avoit pas été exposé au feu, quoiqu'il n'eut été couvert que d'un volume de trois onces & demie de grain. Ceux placés auprès de l'œuf, ne souffrirent aussi aucun changement. Après cette opération, je les semai dans un vase au nombre de quatre-vingt-dix-sept, & ils germerent tous en moins de huit jours, à l'exception d'un seul. Cette expérience me causa autant de surprise que de douleur, & depuis ce tems-là j'ai toujours recommandé qu'on fît les couches de grain très-basses dans les cassettes, & qu'on retirât les canaux de l'étuve.

Autres expériences sur le même sujet.

Ayant vu que la chaleur ne pénétroit point à la hauteur de trois pouces & demi, j'essayai une autre fois de ne couvrir un œuf que d'un pouce de grain, l'œuf ainsi arrangé, & retenu dans le four beaucoup moins de tems que le premier, se durcit très-bien.

Cette seconde expérience prouve, à ce qu'il me semble, que si l'œuf ne fut pas cuit, & si le grain ne fut pas desséché la premiere fois, il faut en attribuer la cause à l'épaisseur de la masse du grain. J'avois cependant un soupçon, que la trop foible activité du feu pouvoit s'attribuer à autre chose qu'à l'épaisseur du grain, & qu'elle venoit encore de ce que j'avois choisi du grain trop sec, qui avoit déja passé par l'étuve, & qui par conséquent n'avoit exhalé que très-peu d'humidité. Voulant donc m'assurer pleinement de ce soupçon, & savoir au juste si l'humidité étoit utile ou nuisible à l'action de l'étuve, je recommençai l'expérience de cette maniere.

Expérience sur du grain humide passé à l'étuve.

J'enfermai dans la même cassette, haute de huit pouces, d'autres grains semblables aux premiers, mais un peu mouillés. J'y mis l'œuf & les grains enveloppés comme la premiere fois. Je plaçai ensuite cette cassette dans un four beaucoup moins chaud que le premier, & je la retirai au bout de trois heures. Je m'apperçus en la retirant que le grain avoit été bien plus échauffé intérieurement, & ne pouvant y mettre les mains pour retirer l'œuf, je fus obligé de vuider le cassette sur une table, il en sortit un air très-chaud en la vuidant, l'œuf étoit cuit & durci. Je semai incontinent après les grains du milieu, qui étoient enveloppés, & de quatre-vingt-dix-sept il n'en germa pas un seul. C'étoit un peu d'eau qui avoit produit une si grande différence. Il ne faut pas s'en étonner, on sait en matiere de physique, que plus un corps exposé au feu a de densité, plus il conçoit un dégré violent de chaleur. En effet, qu'on place dans un four un vase plein d'eau, & qu'on mette le feu à ce four, l'air n'y sera pas si chaud qu'on ne puisse y soutenir la main, au lieu qu'on verra l'eau bouillir dans le vase, & qu'on n'y pourra mettre le doigt. Outre cela l'eau pénétre promptement toute masse de grain, quelqu'épaisse qu'elle puisse être ; mais l'air, quelque dégré de chaleur qu'on lui donne, ne pénétrera jamais une masse de trois ou quatre pieds de grain. Ma réponse au mémoire & aux difficultés de M. Maréchal, est fondée sur ces expériences & ces observations.

Depuis ces découvertes, il m'est venu à ce sujet de nouvelles idées, & quoique je n'y aye pas donné assez de tems, & que je n'aye pu les confirmer par des expériences réitérées, elles me donnent des espérances trop fortes, & elles sont trop importantes pour que je ne les publie pas. Je crois avoir trouvé une autre maniere de foigner le grain qui, pour l'épargne des frais, & pour la facilité de l'exécution, est autant au-dessus de l'invention de l'étuve, que cette invention l'emporte sur tous les anciens usages.

Nouvelle maniere de prévenir les endommagemens du grain par le moyen de l'eau bouillante.

J'AVOIS remarqué que l'humidité échauffée qui pénétroit le grain dans l'étuve, lui étoit fort utile. Cette expérience me fit imaginer de tenter le secours de l'eau bouillante pour la cure du grain. Je fis bouillir pour cela une chaudiere pleine d'eau, j'y plongeai du grain, & l'y laissai au plus une minute. Après l'avoir retiré de l'eau, je le fis sécher; je l'exposai à l'air, son goût & sa couleur ne reçurent aucun changement par cette infusion. Je les mis en terre, il ne germa point, & je m'assurai par cette épreuve, que la vertu générative du grain étoit totalement éteinte en lui, on ne peut douter que les œufs des insectes n'aient été aussi détruits par l'eau bouillante, selon la théorie que j'ai exposée, quand le grain est ce que j'appelle *Eunuque*, & que ses habitans naturels sont détruits, il ne reste plus rien à faire pour la parfaite cure du grain. On ne doit pas craindre de le mouiller après, parce qu'on sait que les grains, quoique très-mouillés par la pluie, ne moisissent point quand on les fait sécher au soleil ou à l'air; c'est même la coutume dans plusieurs pays, & sur-tout en Angleterre, de laver le grain pour le purifier (*a*) ; après qu'il a été lavé & séché, il se trouve d'une meilleure qualité qu'auparavant. Je ne suis cependant pas sûr, si en conservant ce grain plusieurs années, il ne seroit pas susceptible de pourriture, occasionnée par le bain qu'on lui auroit donné. L'incertitude où je suis à cet égard, vient de ce que je n'ai pas eu le tems d'en faire une assez longue épreuve, puisqu'il n'y a que quelque mois que j'ai conçu le projet d'échauder le grain. Je me flatte cependant que cette expérience réussira avec le tems, & je continuerai d'en rendre compte au Public. Ce qui me rassure pourtant, c'est que j'ai appris que la même opération étoit en quelque façon exercée sur les bleds dans le Royaume de Naples.

On a recueilli sur les bords de la riviere, *deportici & Dellatore Digreao*, une grande quantité de pois, & d'autres légumes qu'on a mis sur des navires pour les exporter. Les gens de ce pays, avant que de les embarquer, afin de les délivrer des *touchi*, vers qui les rongent, comme les charansons rongent le grain. Ces gens, dis-je, les plongent dans l'eau bouillante, & ensuite les étendent & les font sécher au soleil. En cet état ils ne produisent aucune sorte d'insectes. Il seroit aisé de soigner le grain de la même maniere ; c'est-à-dire, de le plonger dans une chaudiere d'eau bouillante, & de l'en retirer sur-le-champ pour le faire sécher par le moyen de la *pelle* & du *van*.

(*a*) Voyez ce qui a été dit à ce sujet, page précédente.

Tout le monde comprend de quel avantage, de quelle épargne & de quelle ſimplicité eſt cette méthode, en moins d'une heure on préſerve 60 boiſſeaux de grain de toute fermentation & d'inſectes. C'eſt-à-dire, qu'en travaillant douze heures, depuis le matin juſqu'au ſoir, on peut expédier plus de ſept cent boiſſeaux. Il ſera facile d'exercer ce reméde en tout tems, en tout lieu, ſans art, ſans appareil de machines, toute la dépenſe conſiſte à faire bien chauffer une grande chaudiere. Il faudroit être ennemi du bien public pour ſe refuſer à cette expérience, & pour ne pas joindre ſes remarques aux miennes, ſur une affaire auſſi intéreſſante. Je recommande ce but à tout le monde. Pour moi, je ne le négligerai jamais. Il ſemble que la Providence n'a point voulu que la conſervation de l'aliment de l'homme lui fût diſpendieux & occulte.

Une autre maniere encore de bien conſerver le grain, & ſans aucun ſoin, c'eſt de le confier à la terre dans des foſſes. Quand la terre eſt trèsſéche, le grain s'y conſerve parfaitement. On ſe ſert de cet expédient dans la Pouille (*a*). Beaucoup de nations ont eu, & ont encore cette coutume.

Quand le terrein n'eſt pas aſſez bon, ni aſſez ſec, on ſe ſert de l'air pour médicamenter les grains. On les expoſe à ſon influence, ſoit en les changeant de place, ſelon l'uſage des anciens, ſoit en ſe ſervant de la pelle, ce qui vaut mieux,

---

(*a*) Nous avons dit ci-deſſus page . . que les Hollandois emploient, &c.

ou bien l'on fait usage du *ventillateur*, ingénieusement trouvé par M. Halles. Par ces moyens, on donne un nouvel air au grain; mais il faut convenir aussi que le feu guérit le grain plus vite que l'air; chaque pays peut aisément appliquer cet élément à l'usage du grain, par le moyen de mon étuve. Au reste, si l'eau bouillante, comme j'espére le démontrer, réussit à corriger les inconvénients, auxquels cette précieuse denrée est exposée, cette méthode sera si simple, si facile, & d'une utilité si importante, qu'on pourra dire que l'*art de conserver parfaitement le grain*, art si désiré & ignoré depuis si long-tems, est devenu la chose du monde la plus sûre & la plus facile.

FIN.

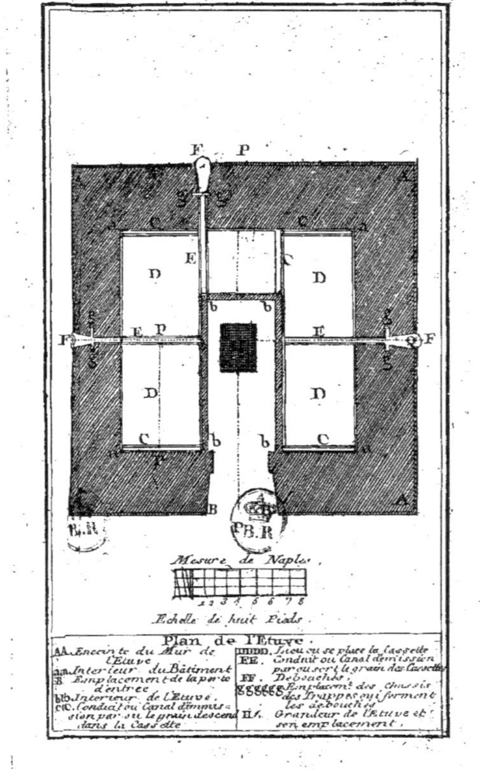
Planche I.
F
P
A
a
C
E
D
b
E
P
F
g
Mesure de Naples.
1 2 3 4 5 6 7 8
Echelle de huit Pieds.
Plan de l'Etuve.
AA. Enceinte du Mur de l'Etuve
aa. Interieur du Bâtiment
B. Emplacement de la porte d'entree
bb. Interieur de l'Etuve.
cC. Conduit ou Canal d'immission par où le grain descend dans la Cassette
DDDD. Lieu où se place la Cassette
EE. Conduit ou Canal d'émission par où sort le grain des Cassettes
FF. Debouchés.
gggggg. Emplacemt. des Chassis des Trappes qui forment les debouchés
II. Grandeur de l'Etuve et son emplacement.

Planche II.

Face de l'Edifice.

AA. Relais du mur de la Fabrique sur lequel est posé la Cassette.

BB. Porte de l'Etuve.

II. Parapet de la Terasse.

X. Fenêtre servant de Soupirail.

Planche III

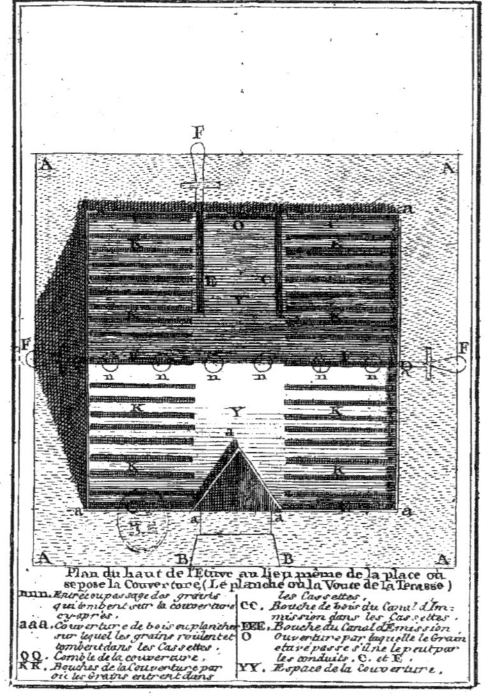

Plan du haut de l'Étuve au lieu même de la place où se pose la Couverture, (Le planche ou la Voute de la Terasse)

nnn. *Entrée ou passage des grains qui tombent sur la couverture cy-après.*

aaa. *Couverture de bois ou planche sur lequel les grains roulent et tombent dans les Cassettes.*

QQ. *Comble de la couverture.*

KK. *Bouches de la Couverture par où les Grains entrent dans les Cassettes.*

CC. *Bouche de bois du Canal d'Immission dans les Cassettes.*

EEE. *Bouche du Canal d'Emission*

O *Ouverture par laquelle le Grain étuvé passe s'il ne le peut par les conduits. C. et E.*

YY. *Espace de la Couverture.*

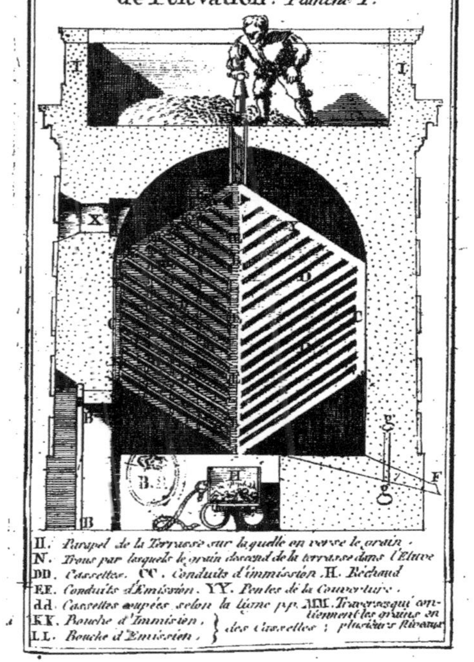
Coupe selon les lignes PP. e. pp.
de l'élévation. Planche I.
II. Parapel de la Terrasse sur laquelle on verse le grain.
N. Trous par lesquels le grain descend de la terrasse dans l'Etuve
DD. Cassettes. CC. Conduits d'immission. H. Réchaud
EE. Conduits d'Emission. YY. Pentes de la Couverture.
dd. Cassettes coupées selon la ligne pp. MM. Traverses qui contiennent les grains en
KK. Bouche d'Immision.
LL. Bouche d'Emission.
des Cassettes ; plusieurs Niveaux
X
B
F
g

Coupe selon la ligne Q.Q. de l'éléva

raporté. *Planche I.*

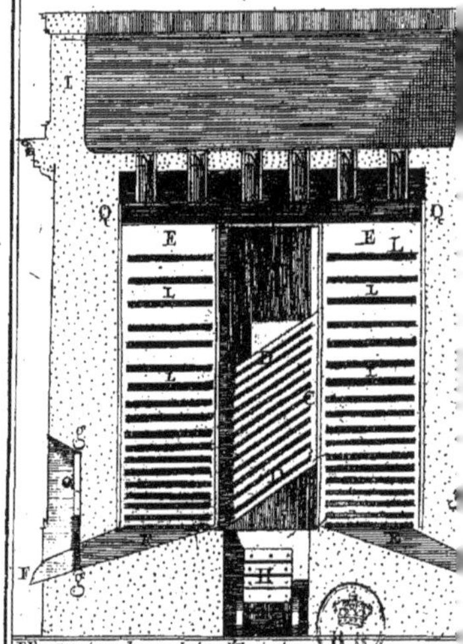

EE. *Interieur des conduits d'Emission.*
LL. *Bouches d'Emission des Cassettes.*
GG. *Representation d'un trappe ouverte et d'une autre fermée.*
QQ. *Comble de la Couverture.*
Y. *Pente de la Couverture vuë de dessous.*
CC. *Conduits d'Immission.*
EE. *Conduits d'Emission DD. Cassettes.* } *du Mur en face de la p*

Planche VI.

Charpente de bois de l'Etuve vuë en perspective et dépouillée des murailles extérieures.

M *Terrasse.*
NN *Conduits par lesquels les grains tombent.*
YY *Couvertures.*
DD *Cassettes.*
CC *Canal d'Immission.*
EE *Canal d'Emission.*
F *Debouché.*
BB *Porte de l'Etuve.*

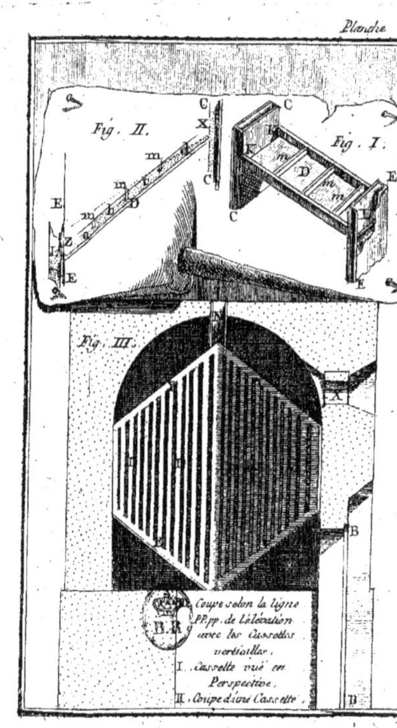
Planche
Fig. II.
Fig. I.
Fig. III.
Coupe selon la ligne
PP. pp. de l'élévation
avec les Cassettes
verticalles,
I. Cassette vuë en
Perspective,
II. Coupe d'une Cassette.

www.ingramcontent.com/pod-product-compliance
Ingram Content Group UK Ltd.
Pitfield, Milton Keynes, MK11 3LW, UK
UKHW022113190726
13855UKWH00002B/839